그림으로 이해하는

스마트팩토리

IoT, AI, RPA를 활용한
제4차 산업혁명 시대의 제조업 혁신 기술

그림으로 이해하는 **스마트팩토리**

IoT, AI, RPA를 활용한 제4차 산업혁명 시대의 제조업 혁신 기술

지은이 카와카미 마사노부, 니이호리 카츠미, 타케우치 요시히사
감수자 마츠바야시 미츠오
옮긴이 조주현
펴낸이 박찬규 엮은이 이대엽 디자인 북누리 표지디자인 Arowa & Arowana

펴낸곳 위키미디어 전화 031-955-3658, 3659 팩스 031-955-3660
주소 경기도 파주시 문발로 115, 311호 (파주출판도시, 세종출판벤처타운)

가격 18,000 페이지 200 책규격 175 x 235mm

1쇄 발행 2019년 08월 21일
2쇄 발행 2021년 02월 18일
ISBN 979-11-89989-01-9 (03500)

등록번호 제406-2006-000040호 등록일자 2010년 04월 22일
홈페이지 wikibook.co.kr 전자우편 wikibook@wikibook.co.kr

이 도서의 국립중앙도서관 출판시도서목록(CIP)은
서지정보유통지원시스템 홈페이지(http://seoji.nl.go.kr)와
국가자료공동목록시스템(http://www.nl.go.kr/kolisnet)에서 이용하실 수 있습니다.
CIP제어번호 CIP2019030756

그림으로 이해하는
스마트팩토리

IoT, AI, RPA를 활용한
제4차 산업혁명 시대의 제조업 혁신 기술

마츠바야시 미츠오 감수
카와카미 마사노부, 니이호리 카츠미, 타케우치 요시히사 지음

조주현 옮김

위키미디어

역자 서문

배경

최근 몇 년 전부터 진행돼 온 인공지능 및 디지털 혁신 기술의 급격한 발달은 '인더스트리 4.0', '디지털 산업혁명' 등으로 일컬어지는 4차 산업혁명으로 인식할 만큼 우리 생활 및 직장, 공장 등의 삶의 터전 곳곳으로 자연스럽게 확장되고 있다.

스마트공장이라고 하면 막연히 영화 속 한 장면처럼 작업자가 보이지 않는 첨단기술 로봇들로 가득 채워진 공장을 떠올린다. 물론 로봇도, 무인화도 스마트공장의 한 단면이 될 수 있지만, 스마트공장으로 가는 길이 생각만큼 그리 단순하지는 않다.

경험 및 전문성

역자는 지난 20여 년간 수천만 고객을 대상으로 하는 국내외 통신사 서비스 플랫폼의 기획&개발, 분야별 1위 기업들과의 융합사업, 빌딩, 공장, 매장, 농장, 도시 등 다양한 공간을 대상으로 데이터 기반의 디지털 트랜스폼 컨설팅을 진행해오고 있다.

계기

개인적으로 스마트공장에 관심을 갖게 된 데는 몇 가지 계기가 있다.

하나는 실제 생산업무 프로세스를 생생하게 체험한 3회의 토요타 생산 시스템(TPS: TOYOTA Production System) 교육 연수였다. 그 경험을 통해 토요타 자체 생산 시스템과 협력사 생산 시스템 간의 연결 구조를 체득하고 눈으로 확인했다. 덕분에 IT 시스템들이 공장 업무 시스템의 하나하나로 잘 설계된 현장 시스템의 필요성과 진행 방식을 체감할 수 있었다.

두 번째는 EU에 소재한 글로벌 디지털 코어기술 파트너의 데이터 기반 에너지 모델링 운용 최적화 시스템을 기반으로 컨설팅한 경험이다. 현장 데이터를 추출하고 가공 분석해 데이터 모델을 수립하고, 이를 기반으로 예측 기반의 시뮬레이션과 실제 운영 결과의 갭 분석을 통한 최적화 프로세스를 제공했다. 국내 시스템과는 달리 데이터의 수집 가시화에서 끝나지 않고 지속적인 개선과 최적화 방법론의 제시가 핵심 가치였다.

마지막으로 현재 기반 컨설팅을 진행하고 있는 클라우드 시스템 환경이다.

클라우드 서버리스 컴퓨팅과 현장 중심의 엣지 컴퓨팅의 결합 모델은 과거 막대한 투자비와 시간이 필요했던 시스템 자원과 전문성을 현장 중심의 시스템 정책 하나로 통합시켰다. 또한 빅데이터와 AI 접목에 있어서도 높은 투자대비 효율성을 보여준다.

현장의 한계

제조기업 생산 현장을 대상으로 스마트공장 도입과 관련한 인터뷰를 진행해오면서 느낀 점은 국내 스마트공장 도입 환경의 현실은 일부 대기업 공장들을 제외하고는 녹록하지가 않다는 점이다.

오랜 시간 데이터와 프로세스를 공장 운영 시스템에 지속적으로 최적화해온 유럽과 일본의 경우와는 달리, 국내 대다수 공장에서는 시스템 자체가 부재하거나 명목상 운영됐고 변변한 데이터 기록 체계조차 갖춰지지 않은 경우도 많았다. 운영 중인 시스템이 있다고 하더라도 구축 이후 지속적인 개선이나 운용 체계와 관련된 이력 정보를 확인할 수 없었다. 또한 최근 급격한 발전을 이루고 있는 디지털 핵심 기술에 대한 이해와 인사이트의 부족으로 자체 역량만으로는 스마트공장으로의 투자 계획이나 도입 우선순위를 설정하는 데 어려움이 있었다.

공장 시스템의 특수성 보강

이와는 별개로 스마트공장으로 시장을 확대하고자 하는 IT 기업들 역시 공장 시스템의 특수성에 대한 이해 부족으로 어려움을 겪고 있다. 특히 국내 융합사업은 첨단 기술의 쇼윈도우화 경향으로 단기간의 화려한 보여주기 구성에만 신경 쓸 뿐, 중장기 노력이 필요한 공장 시스템의 본질인 지속적인 개선과 이를 기반으로 한 최적화에 미치지 못한다. 이미 해외 사례로 검증된 데이터 기반 분석 방법이나 이를 기반으로 한 예지 보전, 운용 최적화에 대한 적용은 공장 시스템에 대한 이해가 바탕이 되어야 성취 가능한 영역이다.

또한 국내 공장 생산 현장은 아직도 데이터 확보와 관리 프로세스에 있어 운용 수준이 그리 높지 않다. 이러한 데이터 생산, 관리, 활용 기초 환경의 부재는 해외 스마트공장이 속도를 낼 때 정부 지원의 4차 산업혁명 활성화 효과가 지지부진했던 주된 이유이다. 현징 내 데이터 정의와 확보에 대한 현황을 분석하고 문제를 식별해 보완할 수 있는 전문 컨설팅 영역의 부재도 크게 영향을 미쳤다.

다행히 적용 이후 성과 가시화와 투자회수 기간이 짧은 RPA, AI, ROBOT 등의 부각으로 비교적 장기적인 호흡을 요구하는 IoT, Cloud, BigData 효과까지 재조명되어 최근 도입을 활발하게 검토하고 있다.

이 책에서는 현장에서 본사까지, 생산관리에서 전략기획 부서까지 스마트공장 도입을 위한 생생한 경험을 장마다 이해하기 쉬운 그림으로 제시해 스마트공장을 이해하고 구축해 나가는 데 필요한 요점을 하나하나 짚어준다.

경험으로 축적한 노하우를 통해 현장에서 바라보는 디지털 변화 수용 방안과 관리/기술 부서에서 바라보는 공장 시스템을 이해하기 쉽게 소개한다.

디지털 트랜스폼을 검토하는 기업들이 프로세스 자동화(RPA), 인공지능(AI), 데이터 기반 의사결정 및 예측모델 활용(BigData) 등의 디지털 핵심 기술을 기업의 디지털 트랜스폼을 위해 어떻게 적용하고 계획해야 하는지 참고할 수 있는 인사이트를 제공한다.

이 책에서 다루는 내용

- 공장 경영과 제조 시스템

- 공장의 업무를 지원하는 기준 정보와 정보 시스템

- 최신 공급망(SCM)의 모든 것

- 제조업을 지원하는 주요 기능과 최신 글로벌 동향

- 공장에서의 IoT 활용

- 공장에서의 AI, BigData, RPA의 활용

- 제조업이 살아남기 위한 글로벌 IT 전략

감사의 글

부족한 글을 많은 피드백으로 읽을 만한 책으로 완성해준 편집자분, 좋은 분야의 책을 선정해 국내 스마트공장에 대한 관심을 세상에 공유하도록 한 선견지명의 출판사 대표님, 늘 곁에서 묵묵히 힘을 북돋아 준 나의 배우자, 가족들 다양한 성공사례를 공유해준 글로벌 파트너와 작은 소리에 귀 기울여 준 고객들 모두에게 감사를 표합니다.

국내 공장 현장에서 디지털 혁신 트렌드의 파도를 슬기롭게 넘어 최신 기술의 경연장이 아닌 이유 있는 적정 기술의 공장 시스템 최적화 도입으로 공장별 상황에 적합한 지속가능한 혁신을 추진하는 스마트공장이 확산되는 데 이 책이 도움이 되기를 바랍니다

시작하기

왜 지금 스마트공장이 필요한가?

이 책은 출시 이후 호평을 받고 있는 ≪イラスト図解 工場のしくみ(그림으로 이해하는 공장의 구조)≫(일본실업출판사 2004)의 후속 버전으로 출간됐습니다. 최근 몇 년간 제조업을 둘러싼 환경은 크게 변화했습니다. 특히 크게 변하고 있는 것은 다음 두 가지입니다.

하나는 해외 임금 상승으로 해외 공장의 장점이 재검토되는 정책적 측면, 다른 하나는 공장에 적용되는 IoT, AI, RPA 등의 디지털 기술 보급이라는 기술적 측면입니다.

특히 4차 산업으로의 동인인 디지털 기술에 있어 공장 가동상황의 '가시화', 기계설비의 고장 예측, 불량감소, 지연상황 개선 등을 통한 비용 절감 및 생산성 향상을 위해 IoT와 AI의 적용 추세가 급속히 증가하고 있습니다

앞서 출간한 ≪イラスト図解 工場のしくみ(그림으로 이해하는 공장의 구조)≫에서는 공장 업무의 구조를 비롯해 제조업 업무 전반의 구조를 설명했습니다. 이 책 ≪그림으로 이해하는 스마트공장의 구조≫는 현 제조업의 큰 과제인 공장이나 제조 현장에 IT와 IoT, AI, RPA를 적용하는 것에 대해 알기 쉽게 설명했습니다. 제조업 및 IT 기업 사원에게 그 기본을 전하는 것이 매우 중요하다는 생각이 이 책의 집필 동기입니다.

글로벌 제조업의 선진 활용 사례를 배운다

글로벌 사업을 전개하는 제조기업에 종사하는 사람들을 위해 이 책에서는 미국 제조업의 글로벌 IT 선진 사례 등을 기술했습니다.

공장이나 제조업의 IT, IoT, AI, RPA에 대해 더 깊이 이해하기 위해 공장 업무 구조와 제조 업무 수행 방식도 함께 학습하고 싶은 경우 ≪イラスト図解 工場のしくみ(그림으로 이해하는 공장의 구조)≫를 먼저 읽은 후 이 책을 읽을 것을 추천합니다.

제조업에 있어서 중요한 것은 다음 3가지입니다.

1. 생산성 향상

   공장에서의 Q(품질), C(비용), D(납기)가 주요 관리 항목.

2. 제품·서비스의 부가가치 향상

   기능 향상과 사용자 편의성 향상.

3. 새로운 비즈니스 창출

   개발해서 활용하고 있는 스마트공장 시스템의 외부 사업화 등.

이 책의 집필과 편집에 있어 가장 중점을 둔 것은 제조업과 공장에 대한 지식, 경험이 없는 학생들과 제조업 관련 직원들이 '제조업'의 중요성을 제대로 이해하고 '첨단 공장의 구조'에 대한 기본 지식을 보다 쉽게 습득하게 하는 것입니다. 그 생각을 다음 두 가지로 정리합니다.

첫째, 제조업은 국가의 기간 산업이므로 많은 학생이 제조업에 관심을 갖고, 그 중요성과 일의 보람을 이해하고 제조업에 취업해 미래 제조업 발전에 기여하게 하고 싶습니다.

둘째, 제조업에 종사하는 직원과 제조업에 서비스를 제공하는 IT 기업 직원이 '공장의 IT 및 IoT·AI·RPA' 지식을 습득해 고객과 제조기업에 보다 부가가치가 높은 서비스를 제공할 수 있기를 바랍니다.

스마트공장 구축

다음은 지난 50년간 '공장 지원 시스템 발전의 역사와 스마트공장의 위치'를 나타냅니다.

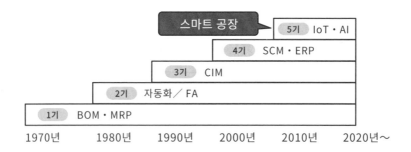

스마트공장의 목표 실현을 위해서는 BOM(부품명세서, Bill of Materials)과 MRP(자재 수급 계획, Material Requirement Planning)의 재검토 및 재구축부터 시작해 지속적으로 IT 애플리케이션의 적용성 확대와 자동화를 추진하고 진척 수준과 적용 수준의 피드백 과정을 통해 현실화할 것을 권장합니다.

이 책이 스마트공장에 관심을 갖고 연구하는 독자들과 각자 근무하는 기업에 도움이 되기를 바랍니다.

— 마츠바야시 미츠오(松林光男)

01장

공장 경영과 제조 시스템

02장

공장의 업무를 지원하는
기준 정보와 정보 시스템

03장
최신 공급망의 모든 것

04장

제조업을 지원하는 주요 기능과
최근 글로벌 동향

05장

공장의 IoT(Internet of Things) 활용

06장

공장에서의 AI, 빅데이터, RPA의 활용

07장

제조업이 살아남기 위한 글로벌 IT 전략

1-1 공장의 기본은 QCD(Quality-Cost-Delivery) 관리

공장은 단지 물건을 만드는 곳이 아니다

공장의 생산 활동 중에서 납품한 제품 안에 불량품이 섞여 있거나 제품 가격이 적절하지 않거나 약속한 납기일에 약속한 수량을 공급하지 못하면 고객의 신뢰를 잃고 점차 주문이 줄어들 것입니다.

공장에는 생산관리가 필요하며, '정의된 품질 및 사양(Quality)'의 제품을 '정의된 비용(Cost)'으로 '정의된 수량·납기(Delivery)'대로 생산할 수 있도록 'QCD 관리'가 필요합니다.

이 'QCD 관리'를 효율적으로 실시하는 것이 생산관리의 목적입니다(다음 쪽 맨 위 그림 참조).

QCD 관리는 Q만 하거나 C만 하는 등 개별적으로 달성하는 것이 아니라 QCD를 동시에 균형 있게 달성하는 것이 중요합니다.

QCD는 어떻게 관리하나요?

'품질 관리(Q)' 도입 초기에는 출하 검사에서 불량품을 검사해 불량품 출고를 막았지만, 현재는 제품의 설계 및 제조 단계에서부터 품질 목표를 달성하는 활동으로 변화하고 있습니다. 즉, 검사에서 불량품을 '찾아낸다'라는 생각에서 '품질을 만들어간다'라는 생각으로 변화하고 있습니다(다음 쪽 중간 왼쪽 그림 참조).

'원가 관리(C)'를 생각할 때 제품 원가는 '재료비', '노무비', '경비'로 구성됩니다. 예를 들어 빵 제조에서의 재료비는 밀가루, 설탕, 기름, 달걀, 팥을 사는 데 들어가며, 노무비는 제빵원이나 사무원의 급여, 경비는 점포나 공장 임대료, 전기료, 제빵 기계 등 설비 기기의 감가상각 비용입니다. 제품 원가에는 재료비 이외에도 노무비와 경비가 포함되는 것이 핵심입니다(다음 쪽 중간 오른쪽 그림 참조).

'납품 수량 및 납기 관리(D)'는 제조 공정에서의 관리가 중요합니다. 출하 단계에서는 납기 지연이나 수량 부족이 확인되더라도 이에 대응하기가 어렵습니다. 최종 공정인 출하 단계가 아니라 제조 공정 초기부터 진행 상황을 확인해 공정 납기 지연이나 납품 수량 부족이 예측되면 신속하게 대책을 강구하고 고객과 약속한 납기와 수량을 지킬 수 있도록 최선의 노력을 하는 것이 중요합니다(다음 쪽 맨 아래 그림 참조).

✿ QCD 관리란?

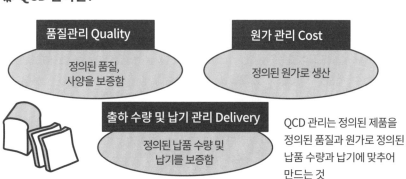

품질관리 Quality
정의된 품질, 사양을 보증함

원가 관리 Cost
정의된 원가로 생산

출하 수량 및 납기 관리 Delivery
정의된 납품 수량 및 납기를 보증함

QCD 관리는 정의된 제품을 정의된 품질과 원가로 정의된 납품 수량과 납기에 맞추어 만드는 것

✿ 품질관리 개념 변화

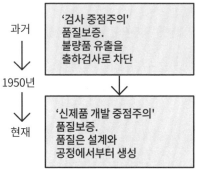

과거

1950년

현재

'검사 중점주의' 품질보증. 불량품 유출을 출하검사로 차단

'신제품 개발 중점주의' 품질보증. 품질은 설계와 공정에서부터 생성

품질관리가 시작된 1950년 무렵과 비교해 품질보증에 대한 개념이 크게 변화

✿ 원가 관리 요소

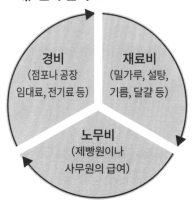

경비
(점포나 공장 임대료, 전기료 등)

재료비
(밀가루, 설탕, 기름, 달걀 등)

노무비
(제빵원이나 사무원의 급여)

✿ 납품 수량 · 납기 관리란?

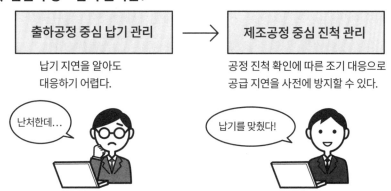

출하공정 중심 납기 관리 → 제조공정 중심 진척 관리

납기 지연을 알아도 대응하기 어렵다.

공정 진척 확인에 따른 조기 대응으로 공급 지연을 사전에 방지할 수 있다.

난처한데...

납기를 맞췄다!

1-2 PDCA 관리를 통한 QCD 개선

PDCA는?

많은 제조 기업에서 QCD 개선에 'PDCA' 개선 프로세스를 이용합니다. PDCA는 'Plan', 'Do', 'Check', 'Action'의 머리글자를 딴 약어입니다.

- Plan(계획): QCD의 개선을 위한 현실적이고 실행 가능한 계획 수립
- Do(실행): 계획 실행
- Check(평가): 결과를 확인하고 계획 미달의 경우 계획 달성을 위한 개선책 수립
- Action(개선): 개선책을 실행하고 계획대로 효과 확인 후 개선책 구조화

PDCA 프로세스는 QCD의 추가 개선을 위해 지속해서 실시합니다. 이 반복적인 개선 활동을 PDCA 사이클이라고 부릅니다(다음 쪽 첫 번째 그림 참조).

주요 관리 항목(KPI) 설정

QCD를 개선하기 위해서는 목표 설정이 필요하고, 목표를 향한 개선 활동의 효과를 확인하려면 '주요 관리 항목(KPI: Key Performance Indicator)'이 필요합니다. PDCA 개선 활동 성과를 주요 관리 항목으로 관리하기는 하지만, 단순히 결과를 수치로 나타내는 것만으로는 의미가 없습니다. 수치 결과를 다음 개선 활동으로 연결하는 것이 중요합니다.

예를 들어 납품 물량 또는 납기 관리를 위한 관리 항목에 납기 준수율이 있다고 가정합시다(다음 쪽 두 번째 그림 참조). 전체 회사 또는 전체 제품 납기 준수율이 80%라는 결과 수치도 중요하지만, 이것만으로는 다음 개선을 위한 분석이 어렵습니다. '어디가 어떻게 잘못됐는가?'를 구체적으로 파악하는 것이 중요합니다. 전체 회사 또는 전체 제품을 한 단계 더 구체화해 제품별, 공장별, 월별로 출하 수치를 파악할 수 있으면 납기 준수율 문제의 영향 요인 대상 범위를 좁힐 수 있습니다. 또한 다음 단계로 합계 데이터를 '제품별 〉 공장별', '공장별 〉 기간별'로 세부 단위로 나누고, 합계 기준을 바꾸어 결과를 확인해 보면 보다 구체적인 개선 팁을 얻을 수 있습니다.

☀ PDCA 사이클이란?

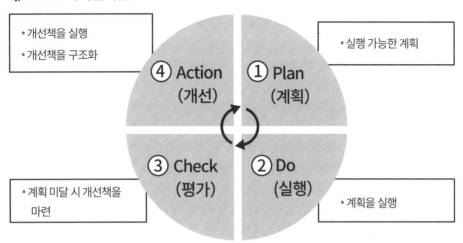

• 개선책을 실행
• 개선책을 구조화

④ Action (개선)　① Plan (계획)

• 실행 가능한 계획

③ Check (평가)　② Do (실행)

• 계획 미달 시 개선책을 마련

• 계획을 실행

☀ 관리 항목(KPI)은 여러 각도로 보는 것이 중요

전체 회사 납기 준수율
80%

제품별 납기 준수율
A 제품: 90% B 제품: 75%

Y 공장에 문제가 있는 것 같은데...

A 제품 공장별 납기 준수율
X 공장: 99% Y 공상: 60%

B 제품 공장별 납기 준수율
X 공장: 98% Y 공장: 62%

▼각 공장의 기간별 납기로 보면

그렇구나!
Y 공장의 기간 1에서 이상이 발생했어.

공장별 납기 준수율
X 공장: 99% Y 공장: 61%

X 공장 기간별 납기 준수율
기간 1: 99% 기간 2: 98%

Y 공장 기간별 납기 준수율
기간 1: 32% 기간 2: 90%

주목

1-3 품질 관리의 구조와 최종 목적

품질은 고객이 결정한다

품질은 JIS 정의에서 '상품 또는 서비스가 사용 목적을 충족시키는지 아닌지를 결정하기 위한 고유의 성질 및 성능 전체'라고 기술돼 있습니다. 제조 산업 초기에는 '제품의 품질이 얼마나 규격에 맞는지'가 품질을 판단하는 기준이었지만, 현재는 '제품을 포함한 모든 서비스의 품질이 얼마나 고객의 요구에 맞는지'로 판단합니다. 이를 충족하려면 '제품이나 서비스 그 자체의 질'로 눈을 돌려서 '일하는 방법과 구조의 질'을 높여갈 필요가 있습니다.

'품질 관리(Quality Control)'란 '제품이나 서비스를 대상으로 고객이 원하는 좋은 것을 더 싸고 필요한 시점에 안전하게 사용할 수 있도록 PDCA 사이클을 통해 제품과 서비스의 품질을 종합적으로 유지하고 개선하는 활동'을 말합니다(다음 쪽 위 그림 참조).

품질 관리 활동에는 ① 일상업무 중 품질 목표에서 벗어나지 않도록 유지·관리하는 활동과, ② 고객에 대해 품질을 보증하고 만족도를 향상시키기 위한 개선 활동의 두 가지 목적이 있습니다. 이 두 가지를 잘 조합해 개선하고 유지하는 것을 착실하게 반복해야 합니다.

품질 문제가 발생했을 경우에는 즉시 대응해야 하며, 고객이나 거래처, 시장에 대해서는 '임시 조치를 신속히 실행'하고 사내에서는 '원인을 분석'하는 것이 중요합니다(다음 쪽 아래 그림 참조). 원인 규명과 분석 과정에는 사내의 모든 관련 부서가 참여해 해결책을 이끌어냅니다.

품질 보증이란?

고객에 대해 자사의 제품 및 서비스의 품질을 보증하기 위해 생산 프로세스 전체를 통해 실시하는 활동이 '품질 보증(QA: Quality Assurance)'입니다.

품질 보증의 중요성이 높아진 배경에는 ① 품질 관리 포인트가 품질뿐만 아니라 경제성이나 생산성도 고려하게 된 것과 ② 고객이 더 높은 품질을 요구함에 따라 엄밀한 관리와 높은 품질 수준을 요구하게 됐다는 점이 있습니다.

✿ 공장에서의 품질 PDCA 사이클

다양한 품질의 PDCA

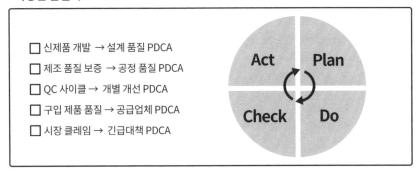

- ☐ 신제품 개발 → 설계 품질 PDCA
- ☐ 제조 품질 보증 → 공정 품질 PDCA
- ☐ QC 사이클 → 개별 개선 PDCA
- ☐ 구입 제품 품질 → 공급업체 PDCA
- ☐ 시장 클레임 → 긴급대책 PDCA

품질 슬로건
후공정은 고객! 품질을 보증해서 보내라! 전수 품질 보증
(후속 공정을 고객처럼 여겨 서비스를 제공하듯이 전수 품질을 보증해 제공하는 것을 의미)

품질의 철칙
불량품은 받지도 않고 만들지도 않고 보내지도 않는다!

✿ 품질 결함 대책의 기본 절차

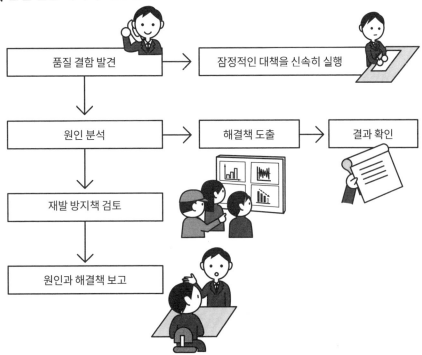

1-4 원가 관리는 이익을 올리는 장치

원가를 낮춘다는 의미

원가란 제품을 생산 및 판매하고 서비스를 제공하기 위해 소비한 모든 비용을 말합니다. 반면에 이익은 일정 기간 매출에서 소요된 원가를 뺀 것입니다. 식으로 표현하면 '이익=매출−원가'가 됩니다.

따라서 이익을 얻기 위한 방법은 매출의 양을 늘리거나 제품의 가격을 높여 매출을 높이는 것, 혹은 원가를 낮추는 것 두 가지입니다. 그러나 매출을 늘리는 것은 간단한 문제가 아니며, 시장 경쟁 원리로 정해지는 가격은 임의로 결정할 수 없습니다.

그래서 기업들은 내부 노력만으로 가능한 원가 절감 조치를 강구해 매출이 줄더라도 이익을 확보할 수 있도록 회사 차원에서 노력합니다.

이익을 내는 구조

회사 전체의 이익에 관해 설명할 때 회사가 보유한 자산 대비 이익률을 나타내는 '총자산 이익률(ROA: Return On Asset)'이 자주 사용됩니다. 이는 수익을 내기 위해 회사의 자산을 얼마나 효율적으로 운영하는지 표현하는 방법입니다.

ROA는 매출 이익률과 자산 회전율의 곱셈으로 나타냅니다. 달리기에 비교한다면 매출 이익률은 보폭, 자산 회전율은 발의 회전으로, 그 둘을 곱한 값이 달리는 속도라고 생각하면 알기 쉬울 것입니다(다음 쪽 그림 참조).

대표적인 판매 수익 관리 방법은 매출액에 연동되는 구매 원가와 같은 변동 비용과 토지, 건물과 같은 고정 비용으로 구분해 원가를 관리하는 방법입니다. 다음 쪽 그림에서 볼 수 있듯이 공장에서의 판매 수익을 높이는 방법은 변동 비용의 단가를 낮추는 방법과 고정 비용을 낮추는 방법이 있습니다.

한편, 자산 회전율 향상이라고 하는 관점에서 제조의 역할은 재고의 삭감입니다. 재료, 중간품, 완성품뿐만 아니라 공정 내의 제작품을 포함한 모든 재고를 관리 대상으로 하고, 적절한 개선책을 강구함으로써 생산 리드 타임을 단축하는 것이 중요합니다.

공장에서의 원가 관리와 역할

공장에서 관리하는 비용은 크게 '재료비', '노무비', '경비'로 나눕니다. 이것들을 관리하기 위해 (1) 매년 예산 관리와 연동된 부서별 원가 목표 수립과 제품 개발 원가 기획, (2) 원가 개선 활동 실적 수집과 보고를 실행합니다.

총자산 이익률로 본 수익 구조

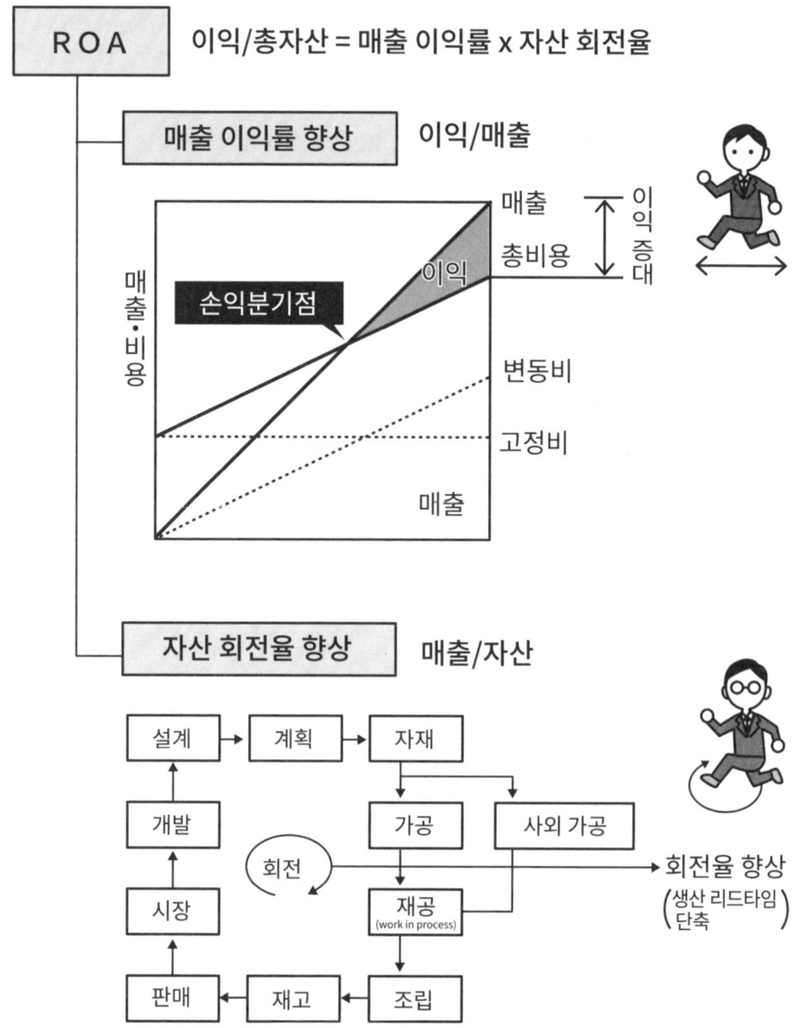

ROA
이익/총자산 = 매출 이익률 x 자산 회전율
매출 이익률 향상
이익/매출
매출
총비용
이익 증대
이익
손익분기점
매출·비용
변동비
고정비
매출
자산 회전율 향상
매출/자산
설계
계획
자재
개발
가공
사외 가공
회전
회전율 향상
(생산 리드타임 단축)
시장
재공
(work in process)
판매
재고
조립

1-5 원활한 생산을 실현하는 생산관리

생산관리의 역할은?

생산관리는 생산 계획을 만들어 납기와 재고를 관리하는 것을 말하지만, 넓은 의미에서는 품질 (Q), 비용(C), 생산량과 납기(D)를 균형 있게 관리하는 것입니다. 구체적으로는 주로 아래와 같은 항목을 추가로 관리합니다.

1. **생산 계획 외의 기본 계획 수립** _ 제품 생산에 따른 생산량과 생산 시기에 대한 계획을 바탕으로 생산 능력 확인 및 생산 인력 계획도 대상

2. **기준 정보 관리** _ 품목 정보, 제품 구성 정보, 공정 및 설비에 관한 정보 등 생산관리의 기준이 되는 정보 관리

3. **자재 소요량 계획(MRP: Material Requirement Planning)** _ 생산 계획 정보, 제품 구성 정보, 재고 정보에 따라 부품·자재의 필요량과 시기를 계획

4. **자재 관리 (구매 관리)** _ 생산 활동에 있어서 공급업체에서 적절한 품질의 부품 및 자재를 필요한 양만큼 필요한 시기에 경제적으로 조달하기 위한 관리

5. **재고 관리** _ 필요한 때 필요한 것을 필요한 만큼 필요한 장소에 공급할 수 있도록 적절한 재고 수준을 유지하기 위한 관리

6. **공정 관리** _ 생산 공정의 진행 상황을 파악해 일별 생산량을 조정하고 원활히 진행시키기 위한 생산 활동을 통제하는 관리

생산관리에서의 문제 대응

생산관리는 '납기 확보와 재고 감소'라는 상반되는 문제 해결에 매일 직면합니다. 이를 위해서는 관련 부서를 참여시켜 다음과 같은 도전과 변화에 유연하게 대응해 나가는 것이 필요합니다.

- **예측 및 실수요 판단**
  → 어떻게 예측하고 잘못 예측된 것을 어떻게 보정해 나갈지

- **연계 작업의 필요**
  → 관련 부서로의 정보전달 방법을 어떻게 개선할지, 자재 및 공구를 어떻게 준비할지

- 예측할 수 없는 많은 변경 발생
  - → 생산 설비의 고장이나 작업자의 결근, 부품 불량, 설계 변경, 수요의 급작스러운 변경에 어떻게 대응할지
- 현장은 항상 변화
  - → 재고 상황 및 생산 진행 상황을 어떻게 적시에 파악할지

✿ 생산관리가 대상으로 하는 범위

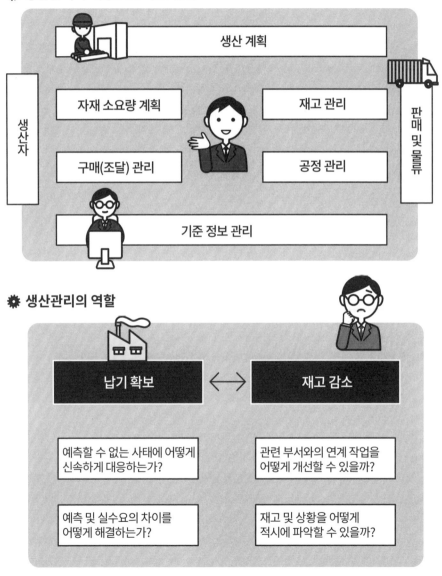

✿ 생산관리의 역할

1-6 생산 형태의 분류 관점 및 포인트

다양한 종류의 제조업

세상에는 여러 종류의 제조업이 있습니다. '일본 내 통계'에서 사용되는 제조업의 종류는 24개의 중분류로 나뉘어 있으며(다음 쪽 첫 번째 표 참조) 다양한 통계 자료가 있습니다.

다음 쪽의 원그래프는 최근 제조업의 중분류별 출하액 비율을 나타낸 것입니다. 이 중분류를 제품의 특성에 맞춰 3개의 유형으로 분류한 것이 '산업 3 유형 분류'라고 불리는 것으로, 다음 3가지 유형으로 분류할 수 있습니다(다음 쪽 첫 번째 표 참조).

- 기초 소재형 산업: 철, 석유, 목재, 종이 등의 제품으로 산업의 기초 소재가 되는 제품을 제조하는 산업

- 가공 조립형 산업: 자동차, TV, 시계 등의 가공 제품을 생산하는 산업

- 생활 관련형 산업: 음식료품, 의류, 가구 등의 의식주 관련 제품을 생산하는 산업으로 정의하며, 실제 제품으로 이미지화하면 이해하기 쉬운 분류

제조업의 생산 형태 분류 및 이해

'산업 3 유형 분류' 외에도 다양한 생산 형태의 분류가 있습니다. 제조 유형 관점과 생산관리 관점에서 2 유형 분류에 대비시킨 것이 다음 쪽 아래 그림입니다. 3 유형 분류 중 기초 소재형 산업은 '프로세스 생산형'으로 가공 조립형 산업은 '조립 생산형'으로 나눌 수 있습니다. 하나의 공장 또는 제품은 2 유형 중 한 쪽에 속하게 됩니다. 석유 제품의 공장은 '공정 생산형'이며, 자동차 공장은 '조립 생산형'입니다.

한편, 생산관리 관점에서의 분류는 공장 또는 제품 중 하나가 아니라 분류 관점 중 한 쪽을 택할 수 있습니다. 예를 들어 '다품종 소량' 제품을 '예측 생산'으로 만들어 '연속 생산' 방식으로 투입해 '풀 방식'으로 부자재를 납품합니다. 각각의 분류에 대해서는 1-7~1-11절에서 각 관리 포인트와 특징을 설명했습니다. 생산관리 시스템의 기능을 이해하는 데 큰 도움이 될 것입니다.

✿ 산업 중분류와 3 유형

산업 중분류명	3유형	산업 중분류명		3유형
09 식료품 제조업	생활	21 요업·토석 제품 제조업		기초
10 음료·담배·사료 제조업	생활	22 철강업		기초
11 섬유공업	생활	23 비철금속 제조업		기초
12 목재·목제품 제조업(가구류 제외)	생활	24 금속 제품 제조업		기초
13 가구·장비품 제조업	생활	25 범용 기계 기구 제조업	일반 기계 기구	가공
14 펄프·종이·종이 가공품 제조업	기초	26 업무용 기계 기구 제조업		
15 인쇄 및 인쇄 관련업	생활	27 생산용 기계 기구 제조업		
16 화학 공업	기초	28 전자 부품 등 제조업	전기·정밀 기계 기구	가공
17 석유 제품·석탄 제품 제조업	기초	29 전기 기계 기구 제조업		
18 플라스틱 제품 제조업(특정류 제외)	기초	30 정보 통신 기기 제조업		
19 고무 제품 제조업	기초	31 수송용 기계 기구 제조업		
20 가죽 제품 등	생활	32 무기 외		생활

✿ 제조업 중분류 출하액 대비

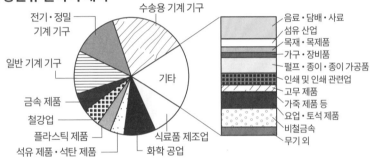

✿ 생산 형태에 따른 분류

		분류 관점		
제조 유형 관점	프로세스 생산형 (장치 산업형)	흐름 유형	프로세스 유형	배치 유형
	조립 생산형 (가공·조립 산업형)	라인 생산	조립 방식	셀 생산
		라인 배치 (Flow Shop)	기계 배치	기능별 배치 (Job Shop)
생산관리 관점	작업 관리 방법 차이에 의한 분류	푸시 방식	지시 방식	풀 방식
		연속 생산	투입 방식	로트 생산
	수주 특성 차이에 의한 분류	예측 생산	재고 관리 포인트	주문 생산
		소품종 다량	제품 종류와 양	다품종 소량

1-7 생산·가공 방법은 조립형 생산과 프로세스형 생산으로 분류

제조 방법에 의한 분류

제조업을 생산·가공 방법 관점에서 분류하면 '조립·가공형 생산'과 '프로세스형 생산'으로 나눌 수 있습니다. 다음 쪽 두 그림은 각 시스템을 이미지로 나타낸 것입니다. 두 그림이 비슷해 보이지만, 사실 큰 차이가 두 가지 있습니다. 하나는 수요에 대한 생산 대응 방법이고 다른 하나는 관리 포인트입니다.

조립·가공형 생산 지원 시스템의 특징

조립·가공형 생산이란 원재료, 부품, 유닛 등의 공업 제품을 고객의 수요에 따라 가공·조립하고 제품으로서의 부가가치를 붙여 출하하는 형태를 말합니다. 대표적인 제품으로 자동차나 가전제품 등을 들 수 있습니다.

이 생산 형태는 수요의 변동에 대한 유연한 대응이 요구되지만, 생산 능력이 휴일 출근이나 야근으로 쉽게 조정될 수 있습니다. 다만, 부품이 갖춰지지 않으면 생산을 할 수 없기 때문에 재고 관리가 중요한 포인트입니다.

이른바 생산관리 시스템은 조립·가공형 생산에 대해 발전해왔으며, 기능적으로도 상당히 성숙했기 때문에 생산 설비를 새로 들이거나 제품의 종류가 증가하더라도 새로운 시스템이 필요한 것은 아닙니다. 기존 시스템의 고도화가 중요한 포인트가 됩니다.

IoT나 AI 같은 신기술의 적용에 관해서도 초기 불량 대응을 숙련된 검사원이 실시하고 양산 시기에는 화상 처리 기술과 AI를 적용한 검사 자동화, 불량 분석에 의한 품질 향상과 비용 절감이 가능하지만, 기존 시스템과 충돌하지는 않습니다.

프로세스형 생산과 지원 시스템의 특징

프로세스형 생산이란 장치를 사용해 원재료에 화학적·물리적인 처리를 더해 제품을 만드는 생산 방식입니다. 예를 들어 철강업, 약품 제조, 술이나 각종 음료 제조 등과 같은 천연자원을 품질·기능이 안정된 공업 제품으로 만드는 생산 형태라고 할 수 있습니다.

이 생산 형태에서는 공장 전체가 생산 설비 형태이며, 간단하게 설비의 증설 강화 등을 할 수 없기 때문에 피크를 만들지 않도록 판매 단계부터 생산 능력을 고려해 주문을 평준화할 필요가 있습니다. 이에 대한 대책으로는 영업 부문에 공정을 '가시화'하는 등 생산 현장과 영업 · 판매의 연결 방안을 제공하는 것이 중요합니다.

'장치 산업'이라고도 불리는 대규모 설비 투자를 하고 있는 경우가 많아 가동율의 향상이 설비 임율을 낮추는 중요한 포인트가 됩니다.

이 생산 유형은 원재료의 품질 차이로 생산 프로세스에서 온도, 농도, 시간 등의 미묘한 조정을 세밀하게 시행할 필요가 있어 IoT로 생산 설비의 가동 감시 데이터를 수집해 AI로 분석하는 등의 고도의 자동화가 요구됩니다.

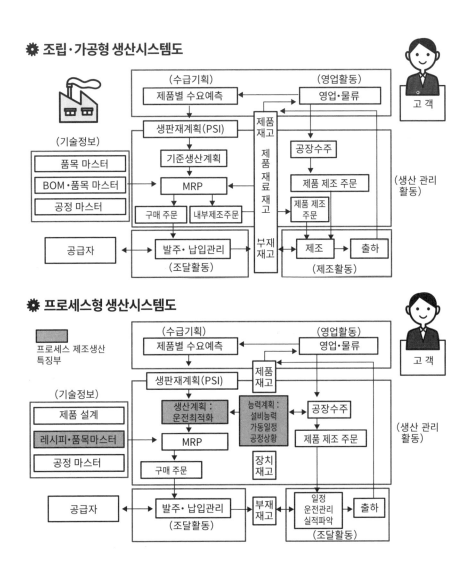

❋ 조립 · 가공형 생산시스템도

❋ 프로세스형 생산시스템도

1-8 작업자 배치 방식으로 라인 생산과 셀 생산으로 구분

작업자의 배치에 따른 분류

제조업의 대표적인 생산 방식으로 '라인 생산'과 '셀 생산' 분류가 있습니다. 이 분류의 관점은 제조 방법에 따른 분류가 아니라 작업자의 배치에 따른 분류라고 생각하면 이해하기 쉽습니다.

라인 생산이란?

라인 생산이란 제조 작업을 여러 개의 단순한 작업으로 분해해 컨베이어 주변에 배치된 작업자가 흘러오는 제품에 대해서 자신의 할당 작업을 차례로 실시하는 것을 말합니다. 낮은 인건비로 운영이 가능해서 저가의 소품종 대량생산에 적합한 방법이라고 할 수 있습니다.

같은 제품의 연속 생산을 실현하기 위해서 기준 생산 계획 작성은 실제 수요에 대한 출하 계획이 아니라 제품 재고에 대한 보충 계획으로 평준화해야 합니다.

각 작업자에게 할당된 작업시간이 분산되면 능숙하지 않은 작업자 위치에서 지체가 발생하고 후속 작업자가 대기하게 되기 때문에 작업 전체를 단순한 작업으로 분할함과 동시에 전체 작업자의 작업시간을 동일하게 공정 설계할 필요가 있습니다.

셀 생산이란?

선반형식의 부스라는 작업 장소에 한 명 또는 여러 명의 숙련자를 배치해 작업 전체 공정을 그 자리에서 실시하는 방식입니다. 이때 숙련자가 배치되기 때문에 계속해서 다양한 제품을 만들 수 있어 대량으로 팔리지 않아도 상관없는 고가의 다품종 소량생산에 적합한 방법이라고 할 수 있습니다.

각 제품의 고유부품관리는 제조번호방식을 사용하고 공통 부품은 MRP(3-6~3-7절 참조)에서 사용하는 것이 있으면 대량구매가 가능하기 때문에 이상적입니다.

라인 생산과 셀 생산의 특성은 다음 쪽 도표와 같습니다.

자동차 산업을 예로 들면 소품종 대량 생산하는 시판 양산차는 라인 생산으로 제조하고, 다품종 소량 생산하는 경기용 포뮬러 자동차는 셀 생산으로 생산하게 됩니다.

✿ 라인 생산과 셀 생산에서의 작업자 배치

라인 생산

컨베이어 주변에 몇 명의 사람을
배치해 작업 대상물이 흘러나오면
작업자가 정해진 단순 작업을
실행하는 방식

셀 생산

셀이라 불리는 작업 장소에서
한 명 또는 몇 명의 제한된
작업자가 제품을 완성하는 방식.
매우 복잡한 작업도 포함

✿ 라인 생산과 셀 생산 개요 비교

	라인 생산	셀 생산
작업자 기술	단능공(하나의 작업을 담당하는 작업자)	다능공(많은 작업을 담당하는 작업자)
필요 기능	낮다	높다
작업 장소	벨트 컨베이어	선반형 작업 부스
작업 속도	느린 사람에게 맞춘다	협업 속도
도구 재고 비용	크다	작다
치공구	기계 지향	작업자 지향
로트	소품종 대량 생산	다품종 소량 생산

1-9 기계 배치 방식은 라인 배치와 기능별 배치로 구분

생산설비 배치 방법의 규칙

공장은 많은 생산 기계가 있어 언뜻 보기에 복잡하게 늘어놓은 것처럼 볼 수도 있지만, 사실 그 배치는 크게 두 가지 유형으로 나뉩니다. 하나는 '라인 배치(Flow Shop)'로 가공순서에 따라 해당 기능의 시설들을 일직선으로 배치하는 것이고, 다른 하나는 같은 기능의 시설들을 함께 배치하는 '기능별 배치(Job Shop)'입니다. 각각 장점과 단점이 있고, 어느 한쪽을 선택할 때는 합리적인 이유가 필요합니다.

라인 배치(Flow Shop) 방식의 특징과 기계 선택

생산 과정에서 가공 순서에 따라 사용 설비를 나란히 배치하는 방법으로, 그 작업 장소를 '생산 라인'이라고 합니다. 각 라인은 전용 시설을 가지고 있으며 제품은 처음 공정부터 마지막 공정까지 순차적으로 거의 하나의 직선으로 흘러가기 때문에 작업 순서를 고려하지 않고 작업 대기가 발생하지는 않습니다.

각 시설은 전용 작업자가 필요하며, 시설의 수만큼의 인원이 필요합니다. 설비 능력은 제품을 만들기 위해 필요한 최대 용량의 기계가 준비된 상태여야 합니다. 예를 들어 프레스 기계에서 대부분 제품이 10톤의 프레스 능력으로 제작 가능한 경우라도 그중 몇 점의 제품을 만드는 데 100톤의 힘이 필요하다면 100톤 이상의 프레스 기계가 필요합니다. 도입 비용이 고가지만 이용률이 낮은 기계를 라인마다 설치하면 효율이 떨어지기 때문에 그러한 경우는 기능별 배치(Job Shop) 방식을 사용합니다.

기능별 배치(Job Shop)의 특징과 기계 선택

같은 기능의 생산용 기계를 함께 배치하는 방식으로 공장 전체 생산에 필요한 능력을 계산하고 필요한 대수를 배치합니다. 이렇게 하면 사용량이 적은 비싼 기계를 라인마다 설치하는 것보다 설비투자 비용이 줄어 듭니다. 같은 장소에서 비슷한 시설을 관리하기 때문에 한정된 인원의 근로자(전문)로 공장 전체의 일을 해낼 수 있다는 장점이 있습니다. 그러나 여러 제품이 작업 순서에 따라 가공센터에서 처리되기 때문에 때로는 작업자들 간의 기계 쟁탈이 발생하게 됩니다.

대기가 발생하면 리드타임이 길어지고, 그렇다고 기계 운용 대수에 여유를 두면 가동률이 낮아지므로 생산 순서를 분석해 조정하는 것이 중요합니다.

조정을 지원하는 스케줄러 시스템이 있지만, 최적의 해답을 얻기 위한 모델링을 하기가 어렵고 현 단계에서는 여러 개의 실행 결과 중에서 숙련 작업자의 감과 경험에 의해 최적의 것을 선택하는 방법이 최선입니다. 미래에는 생산 모델링 및 순서계획을 위한 추론을 인공지능(AI)이 담당하게 되면 보다 현실적인 최적의 솔루션을 만들 수 있게 될지도 모릅니다.

✿ 라인 배치(Flow Shop) 제조 공정

제품의 가공 순서에 따라 장치를 나란히 배치해서
제조 현장에서 시작점에서 생산 라인 종점을 향해 갈수록 제품이 완성돼간다

✿ 기능별 배치(Job Shop) 제조 공정

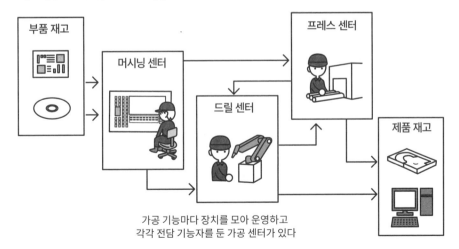

가공 기능마다 장치를 모아 운영하고
각각 전담 기능자를 둔 가공 센터가 있다

1-10 자재 구입 방법에 따라 푸시 방식과 풀 방식으로 분류

푸시 방식과 풀 방식이란?

'푸시 방식'이란 생산 계획에 따라 자재 구매를 행하는 방식으로 계획대로 수요가 확정되면 가장 이상적인 구조입니다. 반대로 '풀 방식'은 수요의 실적에 따라 팔린 만큼 생산하고 사용한 만큼의 자재를 구매하는 방식으로 수요 변동을 조정할 수 있습니다.

두 방식 중 한쪽만 사용하는 것이 아니라 각각의 특징을 살려 함께 사용합니다.

'간판 방식'은 풀 방식의 대표 사례

간판 방식[1]은 풀 방식의 대표적인 수법으로, 구체적으로 꼬리표 모양의 카드를 이동 대상인 품목에 부착해두고, 사용한 만큼의 간판을 떼어 수거함(간판 포스트)에 넣고 전 공정이 사용한 만큼 보충하는 구조입니다(3-17절 내용 참조). 이것은 현장에서 현물 부품의 이동을 생산 활동에 맞추기 위한 시스템입니다.

이것만으로도 충분히 효과가 있지만, 간판에 바코드나 QR 코드, 또는 RFID 등의 정보 매체를 붙여 그것을 통해 읽고 쓸 수 있도록 하면 수거함에 넣고 수집하는 작업을 간소화해 원격지의 거래처에 수요가 발생하는 때에 맞춰 적시에 납품을 지시할 수 있습니다. 전자 간판의 정보는 공정 진척 관리 정보로 활용할 수 있고, 또한 납품 실적으로 이용하면 사무 작업 효율화에 도움이 됩니다.

푸시 방식과 풀 방식 병용

병용 방식은 푸시를 계획 단계에서 사용하고 풀을 실행 단계에서 저스트 인 타임(필요한 것을 필요한 때 필요한 만큼 조달하는 방법) 방법으로 사용하는 것입니다. 실제 예로는 MRP(3-6 ~ 3-7절 내용 참조)를 계획 단계에서 사용하고 실행 단계에서 간판을 풀 도구로 사용하는 방법이 있습니다. 예를 들어, 구매 주문 관련 지침에 인수 간판을 사용하고, 작업 지시의 동기화는 가공 간판을 사용하는 형태입니다. 간판의 본가 '토요타 생산 시스템'(TPS: TOYOTA Production System)이 좋은 예입니다.

---

1 간판 방식 – Kanban(看板, 간판)은 린 제조 및 JIT(Just-In-Time) 제조를 위한 스케줄링 시스템입니다. 토요타 자동차의 산업 기술자인 타이이치 오노(Taiichi Ohno)가 제조 효율성을 높이기 위해 풀 방식의 간판을 개발했습니다(https://en.wikipedia.org/wiki/Kanban).

❁ 푸시 방식과 풀 방식의 병용 사례

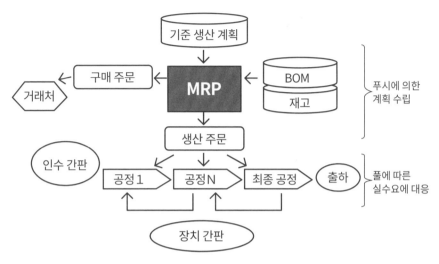

❁ 간판 소통 상자의 흐름

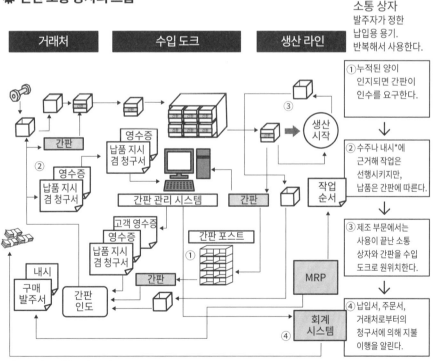

소통 상자
발주자가 정한
납입용 용기.
반복해서 사용한다.

① 누적된 양이
   인지되면 간판이
   인수를 요구한다.

② 수주나 내시*에
   근거해 작업은
   선행시키지만,
   납품은 간판에 따른다.

③ 제조 부문에서는
   사용이 끝난 소통
   상자와 간판을 수입
   도크로 원위치한다.

④ 납입서, 주문서,
   거래처로부터의
   청구서에 의해 지불
   이행을 알린다.

* 내시: 비공식적인 통지(unofficial announcement)
* 수입 도크(Receiving Dock): 인수 물품을 검수 보관하는 장소

1-11 어느 단계에서 재고를 갖는지에 따라 예측 생산과 주문 생산으로 분류

재고가 있는 시점에 따라 생산 방식을 분류

제조업에서는 주문이 오면 즉시 출하하는 것이 이상적입니다. 그러나 제품을 납품하기까지 재료 조달에서 생산, 수송 등에 시간이 걸리고 이를 쉽게 단축할 수가 없습니다. 그래서 재고를 통해 주문에 대응하는데, 생산 프로세스의 어느 단계에서 재고를 갖는지에 따라 생산 방식을 크게 두 가지로 나눌 수 있습니다.

예측 생산과 주문 생산

'예측 생산'은 주문을 받기 전에 생산을 진행하고 제품을 완성하는 생산 방법입니다. 재고 포인트는 매장 재고 또는 유통 재고가 되어 고객을 기다리게 하지 않는 것이 목적입니다. 그러나 재고가 적어 매진이 발생해 판매 기회를 놓친다거나 반대로 재고가 너무 많아 덤핑 처분 상태가 되는 등의 위험이 있습니다. 이를 피하려면 수요 예측의 정확도를 높여야 하는데, 이때 AI를 활용할 수도 있습니다.

'주문 생산'은 주문을 받을 때까지 생산에 착수하지 않고 재료만 준비해 둡니다. 이 경우 예정했던 제품과 다른 사양의 주문을 받으면 결품으로 이어지기 때문에 모든 주문 가능성에 대해 재료를 준비해야 합니다.

그래서 내시 확정 방식과 간판 방식 등 납입 기간을 단축할 수 있는 다양한 수단과 생산 자동화를 통한 리드 타임 단축, 설계 단계에서 부품의 표준화(카탈로그 제품을 사용)와 제품 간 부품 공통화 등이 유효한 수단이 됩니다.

상황에 따른 재고 포인트 결정 방법

어떤 방식이든 재고 포인트는 1개에 하나만 정해져 있는 것이 아니라, 카탈로그 제품은 예측 생산, 맞춤 제품은 주문 제작처럼 제품마다 적절한 재고 포인트를 결정하는 것이 중요합니다. 또한 재고 포인트는 한 번 결정하면 바꿀 수 없는 것이 아닙니다. 주문 생산으로 제조한 제품이 많이 팔리면 예측 생산량이 변경될 수 있습니다. 현재 재고 포인트가 각 제품에 적정한지를 정기적으로 검토해야 합니다.

✿ 생산 방식에 의한 재고 관리 포인트의 차이

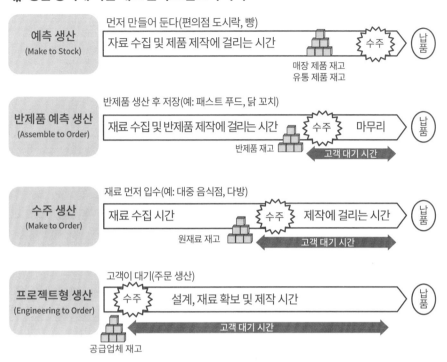

✿ 각 생산 방식의 제품 예

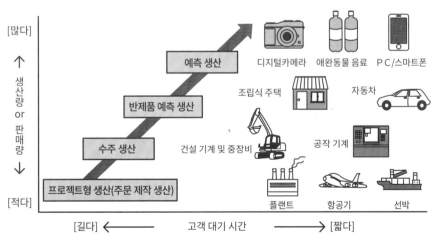

IT 애플리케이션 기술력을 갈고닦자!

기술도 시간의 흐름에 따라 '변하기 쉬운 기술'과 '변하기 어려운 기술'이 있습니다. IT 기반 기술(인프라 기술)은 변화가 빠른 기술 분야입니다.

예를 들어 1960년대 호스트 컴퓨터의 시대, 1980년대 이후의 클라이언트 서버 시대, 2000년대 이후 클라우드 컴퓨팅의 시대처럼 큰 기술의 변화가 있었습니다. 이러한 IT 인프라 분야에서 기술자(SE)에게 요구되는 것은 최첨단 기술력일 것입니다.

한편, IT 애플리케이션(품목 코드, 부품표, MRP, 생판재(PSI)^2 계획, 생산관리)에 관한 기술은 기본적으로 크게 변화하지 않습니다. 이 분야 기술자에게 요구되는 것은 전문 영역에 대한 지식의 깊이와 폭입니다. 이는 IT 인프라 분야에 비해 경험이 더 중요한 영역입니다.

독자가 IT 기술자라면 장래 방향이 IT 인프라 분야인지, IT 애플리케이션 분야인지를 생각해 가능한 한 일찍 그 방향성을 결정하기를 권합니다.

20대 무렵 저는 컴퓨터를 제조 판매하는 기업의 제조 공장 IT 부문에 근무했습니다. 하나밖에 없던 시스템 부서가 성장함에 따라 증원돼 2개 부서로 분할됐습니다. 당시 상사로부터 IT 인프라 부서와 IT 애플리케이션 부서 중 어느 쪽을 희망하는지에 대한 의향을 질문받고 IT 애플리케이션 부서를 희망해 배치됐습니다. 동료와 시스템 공학 스터디 등을 통해 학습하며 수십 년 동안 20대와 30대에 경험을 통해 얻은 이 분야의 지식을 기반으로 현재까지 이 일을 계속하고 있습니다.

'IT 인재 백서'(일본 경제산업성 · IPA)에서는 클라우드 시대에 필요한 IT 기술력의 방향으로 다음 조사 결과를 발표했습니다.

"기업(IT 기업 및 제조업 등 다른 산업계의 IT 부문, IT 자회사 876개 사)이 추구하는 기술력으로 70%의 경영자가 업무 분석력, 기획력, 애플리케이션 기술력을 요구한다."

IT 기술자(SE)라면 애플리케이션 기술력을 갈고 닦을 것을 권합니다.

마츠바야시 미츠오(松林光男)

---

2 생판재(PSI) – 판매계획, 생산계획, 재고계획

02장

공장의
업무를 지원하는
기준 정보와 정보 시스템

2-1 공장의 업무를 지원하는 정보 시스템

공장에는 두 개의 큰 업무 체인이 있다

공장에는 크게 나눠 '엔지니어링 체인'과 '공급망'이라는 2개의 업무 체인이 있습니다(다음 쪽 그림 참조). 엔지니어링 체인이란 '신제품 기획부터 양산 시작까지의 일련의 업무 흐름', 공급망(supply-chain)이란 '수요 예측부터 고객에게 납품할 때까지의 일련의 업무 흐름'을 말합니다. 제조 기업은 경쟁력 있는 제품을 개발하고 경쟁사보다 한시라도 빨리 출시하기 위해 경쟁을 벌입니다. 이러한 경쟁 환경에서 정보 시스템은 경쟁력을 지지하는 역할을 담당합니다.

엔지니어링 체인을 지원하는 정보 시스템

신제품 개발 업무의 흐름은 예나 지금이나 변함없이 '제품 기획→개발→설계→시작(시제품 제작)→양산 개시'의 순으로 진행되지만, 컴퓨터 기술이 고도화됨에 따라 업무 내용은 크게 달라졌습니다. 이전에는 설계도면을 사람이 직접 그리고 시제품 제작도 사람의 손으로 목업(실물과 비슷하게 만드는 모형)을 몇 번이나 만들고 목업으로 제품 디자인이나 기능성, 조립의 효율성 등을 평가하는 등 사람에 의한 작업이 많았습니다. 그러나 현재는 컴퓨터로 3차원 설계도를 그려 그 설계도로 디지털 목업(가상 프로토타입)을 작업해 그것으로 제품 디자인이나 기능성, 조립의 효율성 등을 평가합니다.

공급망을 지탱하는 정보 시스템

'수요 예측에 따라 생산 계획을 세워 생산하고 생산 주문에 따라 고객에게 제품을 납품한다'는 흐름은 예나 지금이나 변함없지만, 고객의 요구는 크게 변화하고 있습니다. 이전에는 수요가 공급을 웃돌아 물건을 만드는 대로 팔렸습니다. 하지만 현재는 고객과 시장의 요구가 다양해지고 초단기 납품이 필요합니다. 이렇게 다품종 소량 생산 시대를 맞이한 지금은 시장 요구에 빠르게 대응하지 못하거나 고객이 희망하는 납품 일정에 대응할 수 없으면 시장에서 결국 외면받게 됩니다. 이 문제에 대응하기 위해서는 정보 시스템의 활용이 필수입니다.

✸ 엔지니어링 체인을 지원하는 정보 시스템

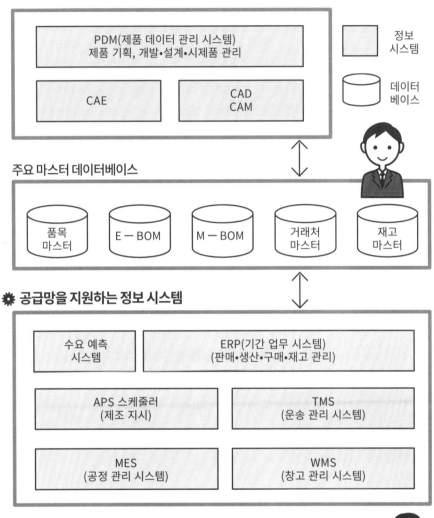

PDM(제품 데이터 관리 시스템)
제품 기획, 개발·설계·시제품 관리

CAE

CAD
CAM

정보
시스템

데이터
베이스

주요 마스터 데이터베이스

품목
마스터

E － BOM

M － BOM

거래처
마스터

재고
마스터

✸ 공급망을 지원하는 정보 시스템

수요 예측
시스템

ERP(기간 업무 시스템)
(판매·생산·구매·재고 관리)

APS 스케줄러
(제조 지시)

TMS
(운송 관리 시스템)

MES
(공정 관리 시스템)

WMS
(창고 관리 시스템)

정보 시스템 및 데이터베이스 명칭

CAE	Computer Aided Engineering (컴퓨터 지원 분석)
CAD	Computer Aided Design (컴퓨터 지원 설계)
CAM	Computer Aided Manufacturing (컴퓨터 지원 제조)
E-BOM	Engineering Bill of Materials (기술 부품표)
M-BOM	Manufacturing Bill of Materials (제조 부품표)

전체 업무에 걸쳐 수익을 관리하는 PLM

PLM이란?

'PLM'(Product Lifecycle Management: 제품 라이프사이클 관리)은 제품에 관한 모든 정보(제품 구성, 기술 정보, 프로젝트 관리, 재고, 매상 등)를 공유화해 전 업무 프로세스에서 제품의 수익을 관리합니다(다음 쪽 첫 번째 그림 참조). 관련된 서브 시스템에는 다음과 같은 것이 있습니다.

- CRM(Customer Relationship Management)은 고객의 직접적인 기능 요구와 품질 정보를 수집하는 시스템으로 제품 품질 향상과 차기 제품에 대한 유용한 정보를 연구 개발 및 제품 기획에 제공할 수 있습니다.

- SRM(Supplier Relationship Management)은 시장 동향에 맞춘 유연한 공급 체계를 위한 기능으로 중요한 거래처와의 협력에 필수입니다(3-11절 참조).

- SCM(Supply Chain Management)은 자재의 공급 체인을 관리합니다(3-1절 참조).

- ERP(Enterprise Resource Planning)는 제품의 주요 원가 요소를 관리하고 PLM 내에서 대부분 수익을 관리하는 중요한 시스템입니다.

- MES(Manufacturing Execution System)는 제품 비용의 3요소인 재료비, 노무비, 경비 실적을 수집하는 원가 계산의 근간을 이루는 시스템입니다.

- PDM(Product Data Management)은 PLM 프로세스의 핵심 시스템으로 설계 및 개발 업무 전반 관리와 제품에 대한 기술 정보를 중앙에서 관리하며 제품의 수익성 향상에 중요한 역할을 담당합니다(다음 쪽 첫 번째 그림 참조).

PLM에 의해 개발 리드 타임이 단축된다

신제품이 발매될 때까지는 개발 비용이나 시작품의 생산 등 높은 비용의 선행 투자가 필요하고, 이것을 회수한 후에야 이익이 생깁니다(다음 쪽 두 번째 그림 참조).

당연히 선행 투자를 회수할 때까지의 기간(리드 타임)이 짧으면 짧을수록 이익이 더 쉽게 발생합니다. 리드 타임에는 다음 종류가 있습니다.

- TTP(Time To Profit): 개발 착수부터 개발비 회수까지의 기간. TTP 기간을 단축해 수익 기간을 늘립니다. 그렇게 하면 'EOL'(생산 중단)도 빨라지므로 타사에 앞서 차기 신제품을 발매할 수 있는 좋은 흐름이 뒤따릅니다.

- TTV(Time To Volume): 양산 개시까지의 기간. 발매와 동시에 폭발적으로 팔리는 경우, 양산 시간을 단축할 수 있으면 이익을 볼 수 있을 때 다 팔아 낭비 없는 사업 전개가 가능하고 이것이 수익 증가로 이어집니다.

- TTM(Time To Market): 신제품을 시장에 내놓을 때까지의 기간. 시장 요구를 파악해 시의적절하게 신제품을 시장에 출시하는 것이 중요합니다.

✿ PLM(제품 라이프사이클 관리)은 전 업무 프로세스를 관리

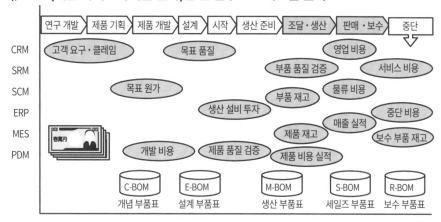

✿ PLM에 의해 개발 리드 타임을 단축

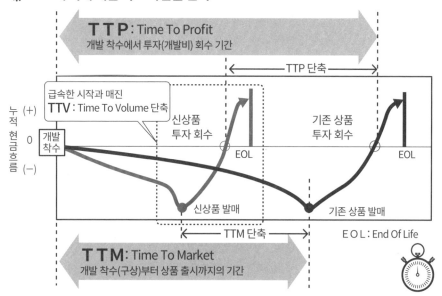

제품 개발에 필요한
모든 정보를 통합 관리하는 PDM

설계 변경이란?

설계 변경은 설계 부서가 제품을 생산하는 데 필요한 정보를 제조 부서에 제공하는 수단으로, 신규 개발과 기존 제품 변경 사항 모두 '설계 변경'(줄여서 '설변')이라고 부릅니다.

그러나 일본 기업은 신제품의 경우 변경되지 않기 때문에 '신규 설계'(또는 '출도')라는 표현을 사용해 설계 변경과 구분하기도 합니다. 분명히 단순한 변경과 신규의 경우는 데이터양도 다르고 관련된 서류나 절차도 다릅니다. 또한 대규모 변경의 경우에도 설계 변경이라고 하지 않고 신규 설계라고 표현하지만, 시스템 기능으로 설계를 나눌 필요는 없습니다.

자재 명세서(2-9절 BOM 표 참조)에 대한 변경은 부품의 '추가', '삭제', '변화'의 3종류 데이터만 처리하고, 신제품은 모든 부품이 '추가'이므로 설계 변경 1종으로 처리할 수 있습니다. 데이터양이 많아졌다고 해도 시스템이 처리하므로 특별히 문제가 되지 않습니다. 그래서 대부분 PDM 패키지는 신제품도 설계 변경으로 다룹니다.

PDM의 역할

PDM(Product Data Management: 설계 변경 관리 시스템)은 제품 개발에서 발생하는 다양한 정보(도면, 문서, 사양서, 설계 부품표, 설명서 등)를 일관된 형태로 중앙 관리하는 시스템입니다.

이 시스템에는 제품을 구성하는 부품 및 원자재 정보가 들어 있지만, 데이터베이스의 기본 키는 항목 번호뿐만 아니라 설계 변경 번호와 결합해 관리합니다.

예를 들어, 금속재로 된 볼트와 너트를 가볍고 저렴한 강화 플라스틱으로 변경하려고 할 때 둘 중 하나를 변경하면 강도가 달라 손상될 수 있습니다. 그래서 설계 변경 번호를 키에 정리해두고, 변경 시에는 모두 변경해야 함을 알 수 있게 되어 있습니다.

✿ 설계 변경의 두 가지 패턴(시스템은 동일하게 처리)

① 신제품의 개발 및 설계

신규 제품의 구조 및 내용에 대해 디자인, 사양, 부품 정보, 검사 기준 등 생산에
필요한 기술 정보를 생산 부문에 전달합니다.

일본 기업에서는 신제품의 경우 설계 변경이라고 부르지 않고
신규 설계 발행으로 취급하는 경우도 많습니다.

신제품 개발

② 제품 개량

출하된 제품의 결함 해결, 안전성 및 기능 향상, 비용 절감 등을 위한 제품 개량에 관한
디자인, 기술 정보의 변경을 생산 부문에 전달합니다.

환경 대응 　안전 대책 　비용 절감 　기능 개선

✿ 설계 변경 관리 시스템의 구조

PDM:Product Data Management

제품 개발이나 설계 변경에 있어서 제품에 관한 모든 정보(도면, 문서, 사양서,
취급 설명서 등)를 정합성 있는 형태로 일원 관리하는 구조

필드(고객)
• 불량 상황
• 비용 절감 요구 등

→

설계 변경 관리 시스템(PDM)
- 설계 변경 내용 심사
- 설계 변경 처리 속도 가속
- 설계 변경 정보와 기본 정보 동기화
- 제품 버전 관리
- 설계 변경 이력 관리
- 설계 변경과 품질 종합 관리

←

생산 부문
• 공정 결함
• 부품/제품 불량률

설계·개발과
생산 정보 교환

설계 변경(CAD/CAM계)
- 설계 변경 지시(통지)서
  (불량 대책, 기능 개량, 원가 절감)
- 설계 부품표
- 관계 도면(부품 도면, 조립 도면 등)
- 사양서 등(SPEC, 변경내용 기술서등)
- 적용 지시서(엔지니어링 변경 통보)
- 기타

제품 개발, 설계 변경에
관련된 모든 정보

제품 구성, 기술 정보,
프로젝트 관리

기준 정보 변경(ERP 계열)
- 품목 마스터
- 부품표(BOM)
- 공정 마스터
- NC 데이터
- 테스트 데이터/검사 기준
- 기타

2-4 공장의 모든 물품과 사람에게는 코드(번호·기호)가 부여되어 있다

코드란?

공장에는 많은 부품이나 재료, 장치품[3], 제품 등이 보관되고 가공과 조립을 위한 설비도 많으며, 각각에는 명칭이 붙어 있습니다. 또 공장에서 일하는 사람 각자에게도 이름이 있습니다. 통상적인 생산 활동에서는 이러한 명칭이나 이름을 사용해 작업을 진행하지만, 명칭이나 이름을 사용해 작업하면 오류가 자주 발생합니다. 왜냐하면 다른 부품이나 재료에 같은 명칭을 쓰거나 동성동명의 사람이 있을 수 있어 이름으로는 100% 정확하게 물건이나 사람을 특정할 수 없기 때문입니다.

예를 들어 직경과 길이가 같아도 머리의 형태나 피치가 다른 볼트가 많이 있으므로 '직경 10mm, 길이 50mm의 볼트'라는 지정만으로는 필요한 나사를 특정할 수 없습니다. 만일 부품이나 재료, 제품, 생산 설비, 일하는 사람 모두에게 각각 다른 번호나 기호를 붙이고 지정한다면 절대로 틀릴 수 없을 것입니다. 이 '각각의 물품이나 사원에게 부여된 다른 번호나 기호'를 코드라고 하며, 생산 관리 시스템이나 공장의 정보 시스템에서는 명칭이나 성명이 아닌 코드를 사용해 정보를 처리합니다.

정보시스템 안에서 사용되는 다양한 코드

- **부품이나 재료, 제품에 붙는 코드** 품목 코드를 품목 번호라고 부릅니다. 판매 계획이나 판매 실적, 생산 계획이나 생산 실적, 재고 계획이나 재고 실적, 수주 실적이나 출하 실적, 부품이나 재료의 발주나 납입 실적 등 생산 활동에서 발생하는 데이터는 모두 품목 코드 단위로 관리합니다.

- **생산 설비에 붙는 코드** 설비 코드나 설비 번호라고 불립니다. 설비의 능력이나 유지보수, 자산 관리는 설비 코드나 설비 번호 단위로 행합니다.

- **사원에게 붙이는 코드** 종업원 코드나 사원 번호라고 불립니다. 출근 시간이나 퇴근 시간, 잔업 시간, 보안 지역에서의 입퇴실 관리는 종업원 코드 단위로 행합니다.

- **그 외의 코드** 부품이나 재료의 구입처에 붙이는 공급자 코드, 고객에게 붙이는 고객 코드 등이 있습니다.

---

3 장치품: 제작 중인 물건

✿ 코드를 붙이는 이유는?

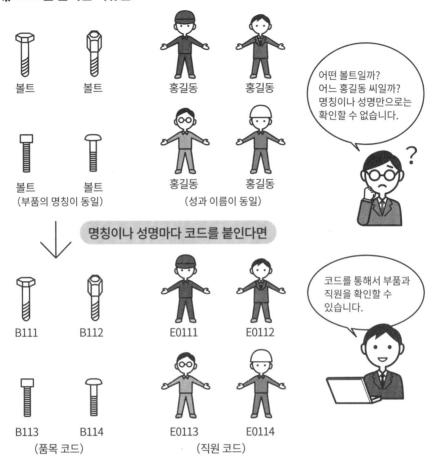

볼트　　볼트　　　홍길동　　홍길동

볼트　　볼트　　　홍길동　　홍길동
(부품의 명칭이 동일)　　(성과 이름이 동일)

어떤 볼트일까?
어느 홍길동 씨일까?
명칭이나 성명만으로는
확인할 수 없습니다.

명칭이나 성명마다 코드를 붙인다면

B111　　B112　　　E0111　　E0112

B113　　B114　　　E0113　　E0114
(품목 코드)　　　　(직원 코드)

코드를 통해서 부품과
직원을 확인할 수
있습니다.

✿ 코드는 다양한 정보에 활용된다

생산관리 시스템과 공장 관련 시스템은
다양한 정보를 코드화해 활용한다

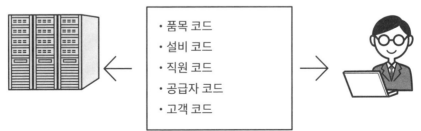

- 품목 코드
- 설비 코드
- 직원 코드
- 공급자 코드
- 고객 코드

품목 코드에는 의미 있는 품목 코드와 의미 없는 품목 코드가 있다

하나의 품목에 하나의 품목 코드가 절대 규칙

코드 중 가장 대표적인 코드는 '품목 코드'(품목 번호)입니다. 공장에서는 수천, 수만 가지 부품을 조합해 제품을 제조합니다. 예를 들면, 액정 TV는 수천 개, 승용차는 수만 개의 부품을 조합해 만듭니다. 이러한 부품 하나하나에는 품목 코드가 붙어 있어 다른 부품과 식별할 수 있게 되어 있습니다. 품목 코드는 품목을 식별할 수 있도록 붙이는 번호이므로 같은 물건에는 같은 번호를, 다른 물건에는 다른 번호를 붙여야 합니다(2-4절 참조).

의미 있는 품목 코드와 의미 없는 품목 코드

그런데 일본의 제조업에서는 같은 기업 내에서도 공장이 다르면 같은 물건에 다른 품목 코드가 사용되는 경우가 있습니다. 일본의 품목 코드는 코드 자체에 다양한 의미를 부여해 그 부품이 어디에 쓰이는 부품인지, 재료는 무엇인지, 구입처는 어디인지 등을 알 수 있는 구조입니다.

예를 들어, 같은 부품이라도 구입처가 다르면 품목 코드에서 구입처를 나타내는 부분의 번호나 기호가 다릅니다. 이처럼 품목 코드에 의미를 담은 품목 번호를 '의미 있는 품목 코드', 의미를 부여하지 않고 숫자 나열로 조합된 품목 코드를 '의미 없는 품목 코드'라고 부릅니다.

일본의 제조업에서는 '의미 있는 품목 코드'를 사용하는 경우가 많지만, 해외의 제조업체는 '의미 없는 품목 코드'를 더 많이 사용합니다. '의미 있는 품목 코드'를 사용하는 일본 기업의 큰 해결 과제는 '1품목에 1품목 코드', 즉 전체 회사에서 통합된 코드 할당 구조를 어떻게 만들지에 있습니다. 예를 들면, 각 공장에서의 코드 할당을 그만두고 회사 전체적으로 코드 할당 센터를 마련해 거기서만 번호를 할당할 수 있는 구조를 만들면 동일한 품목에 대한 복수 코드 문제를 해결할 수 있습니다.

아울러 공장에서 사용하는 수만, 수십만 종류의 품목 전부를 등록한 파일을 품목 마스터라고 합니다. 품목 마스터는 생산관리 시스템 곳곳에서 활용돼 품목에 관한 모든 정보를 관리합니다. 이 품목 마스터에 접근하는 열쇠가 되는 것이 바로 품목 코드입니다.

✿ '의미 있는 품목 코드'와 '의미 없는 품목 코드'

> 의미를 부여한 품목 코드는 일본의 제조업,
> 의미 없는 품목 코드는 해외 제조업에서 많이 사용된다.

해외 제조업은
의미 없는 품목 코드가 주류

일본 제조업은
의미 있는 품목 코드가 주류

✿ 의미를 부여한 품목 코드 사용 시 해결 과제

> 같은 부품인데 구입처가 다르면 공장마다 다른 품목 코드가 된다
> → 하나의 품목에 여러 개의 품목 코드가 사용된다.

동일한 부품이라도

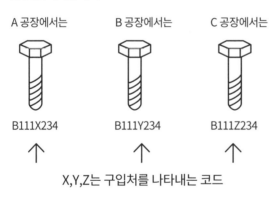

A 공장에서는

B 공장에서는

C 공장에서는

B111X234

B111Y234

B111Z234

X,Y,Z는 구입처를 나타내는 코드

하나의 품목에 여러 개의
품목 코드가 사용되면
회사 전체 재고나 수요를
집계할 수 없고 평가도
할 수 없어 곤란해진다.

회사 전체적으로
이 볼트의 재고는
얼마나 됩니까?

이 볼트는
회사 전체적으로
얼마만큼의 수요가
있습니까?

2-6 공장 내 생산을 관리할 수 있는 다양한 코드

공장에서 사용되는 주요 코드

설비 코드

공장의 각 생산 설비에는 설비 코드가 부여돼 있습니다. 설비 코드를 기준으로 생산 능력(설비 1 대당 가공 시간이나 1일 최대 가동 시간 등)이나 설비 보전 정보가 등록돼 있습니다(설비 마스터 데이터베이스에 정보가 등록돼 있음).

생산 계획이나 제조 일정 계획(스케줄링)을 실행하기 위해서는 공정 능력 범위 안에서 계획해야 합니다. 각 공정의 작업량(부하)이 공정 능력 범위 안에 드는지는 설비 마스터 데이터베이스로부터 설비 코드를 키로 해서 확인합니다.

또한, 생산 설비 고장으로 인해 생산 라인이 정지하지 않도록 설비를 유지 관리하는 것도 중요합니다. 설비 마스터 데이터베이스에는 보수 관련 정보(보수 실시 사이클, 보수 이력 등)가 등록돼 있어 이러한 정보를 기초로 공장 전체 설비의 유지 보수 스케줄을 작성합니다.

종업원 코드(사원 번호)

공장의 종업원 정보도 생산관리나 공장 관련 시스템에 사용합니다. 보통 종업원 식별 카드에는 종업원 코드가 기록돼 있어 출퇴근 시간, 작업 실적, 컴퓨터 로그인 정보 등을 관리합니다. 기밀 정보를 검색할 때도 종업원 코드와 패스워드는 필수적입니다. 공장 내의 보안 영역 출입에도 종업원 코드를 통한 본인 확인 과정을 실행합니다.

공급자 코드

부품이나 재료를 구입할 때 활용하는 것이 거래처 마스터 데이터베이스입니다. 거래처 마스터 데이터베이스에는 공급자 코드를 키로 해서 구매 기본 계약이나 포괄 계약, 주문서 형태, 납품 지시서 형태 등 각 거래처의 다양한 정보가 등록돼 있습니다. 이러한 정보를 기초로 거래처에 대한 발주나 인수 검수 처리가 행해집니다.

고객 코드

고객으로부터의 수주나 출하, 납품에 활용되는 것이 고객 마스터 데이터베이스입니다. 고객 마스터 데이터베이스에는 고객 코드를 키로 해서 각 고객의 다양한 정보가 등록돼 있습니다. 예를 들면, 거래 기본 계약, 주문서 형태, 납품 지시서 형태 등이 등록돼 있어 이러한 정보에 근거해 고객으로부터의 수주나 출하 납품 처리를 진행합니다.

✿ 공장에서 사용하는 다양한 코드 사례

설비 코드

공장 내에 있는 각각의 설비에는 그 설비를 특정하기 위한 설비 코드가 부여돼 있어 설비 코드를 기준으로 생산 능력이나 설비 보전의 정보가 등록된다.

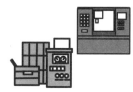

종업원 코드(사원 번호)

공장에서 일하는 종업원 정보도 생산관리나 공장 관련 시스템에서 사용된다. 출·퇴근 시간, 컴퓨터 로그인, 보안 영역의 출입, 작업 실적 등을 관리한다.

공급자 코드

거래처 마스터 데이터베이스에는 공급자 코드를 키로 해서 각 거래처의 다양한 정보가 등록돼 있다. 구매 기본 계약이나 포괄 계약, 주문서 형태, 납품 지시서 형태 등이 있다.

고객 코드

고객 마스터 데이터베이스에는 고객 코드를 키로 해서 각 고객의 다양한 정보가 등록돼 있다. 거래 기본 계약, 주문서 형태, 납품 지시서 형태 등이 있다.

2-7 기준 정보 관리 시스템의 기본은 품목 마스터 데이터베이스

설계·개발 부문과 생산 기술 부문에서 관리하는 기준 정보

기준 정보 관리는 제품 구성을 나타내는 정보와 생산 방법에 대한 정보를 관리하는 것으로, 설계 및 개발 부문과 생산 기술 부문의 2개 부문에서 관리합니다.

제품이 어떤 부품으로 구성돼 있는지를 나타내는 정보가 '부품명세서'(BOM: Bill Of Material) 라는 정보입니다. 개별 부품에 대한 자세한 정보는 '품목 마스터 데이터베이스'에서 함께 관리하며 조달처, 가격, 조달 시간, 한 번에 조달할 수 있는 양, 재질, 도면 정보, 사양 등이 적혀 있습니다.

생산 방법의 정보는 '공정 마스터 데이터베이스'에 설명돼 있으며 제조하는 순서와 사용하는 부품, 치공구(지그, JIG), 설비 등의 정보를 담고 있습니다.

각 공정에서 사용하는 장비 및 설비에 대한 자세한 정보는 '설비 마스터 데이터베이스'에 적혀 있습니다. 이러한 정보를 적합한 시점별로 정확하게 관리하는 것이 기준 정보 관리 시스템의 역할입니다.

품목 마스터 데이터베이스에 등록되는 정보

품목 마스터 데이터베이스에는 제품과 제품을 만들기 위해 사용하는 부품, 다른 생산 활동에 주기적으로 사용하는 물품을 등록합니다.

예를 들어 생산 설비용 오일이나 작업자 착용 장갑, 산업용 비누 등 구매·판매·재고 대상이 되는 모든 것이 대상입니다.

모든 품목이 등록 대상인 만큼 등록 방법에 주의가 요구됩니다. 같은 물건은 같은 번호로, 다른 물건은 다른 번호로 관리하는 것이 기본 원칙이지만, 사업부와 공장에서 개별적으로 관리를 하고 있다면 공장의 통폐합이나 글로벌 확장이 있을 경우 다른 부품에 같은 번호가 붙어 있고 같은 부품을 다른 번호로 관리하고 있을 수 있으므로 품목 번호 관리 체계를 일원화하는 것이 중요한 과제가 됩니다(2-5절 참조).

✿ 기준 정보 관리의 전체 이미지

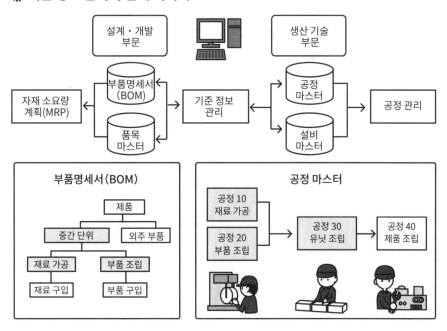

✿ 품목 정보란?

품목 정보: 개발·생산·판매·보수 과정에서 기획·관리·취급의 대상이 되는 모든 품목 각각에 대한 상세한 정보를 적용

등록 대상: 부품, 중간 제품 및 하위 어셈블리, 최종 제품, 소모품 등 구매·판매·재고의 대상이 되는 모든 것을 대상으로 함

기본 정보:	아이템 번호, 이름, 도면 번호, 사양, 특성, 분류 코드, 생사 등 품목명
개발용 정보:	대체 표준 부품 (이것 대신 저것을 쓰라는 지시)
입수 정보:	자체 제작할지 또는 구입할지, 제조 업체, 구입처, 대략 가격, 구입처, 상품명이나 번호, 주문 리드 타임, 구매 단위, 발주 방식 등
경고 정보:	독성 인허가 제품, 귀금속 함유 회수 의무, 특수 보관 조건 등

2-8 개발 및 설계 업무를 지원하는 CAD, CAM, CAE, RP, CAT

개발 및 설계 업무 효율화 지원 도구

개발 및 설계 업무를 둘러싼 주변 여건은 어려워지고 있습니다. 제품 다변화가 요구되고 제품 수명은 짧아지며 신제품 출시가 지속해서 요구되고 있습니다.

국내뿐만 아니라 신흥국과의 치열한 경쟁 가속화로 글로벌 제품 개발이 당연시되었습니다. 잇따라 발표되는 신소재를 사용한 신제품 개발에도 주의를 기울여야 하는 환경이라 한정된 인원으로 해결할 수 있는 수준을 넘어섰습니다.

이런 상황에 필요한 것이 개발 툴의 효과적인 활용입니다. 설계에는 3차원 CAD(Computer Aided Design)가 정착돼 CAE(Computer Aided Engineering)를 통한 응력 해석(스트레스 해석), 시뮬레이션, 내구 시험이나 낙하 충격 분석 등의 분야에 활용되고 있습니다.

신속 조형 기술(RP: Rapid Prototyping)에서는 3D 프린터의 보급을 통해 설계 단계부터 실물에 가까운 시제품 외관을 만들 수 있게 됨으로써 영업 부문이 이를 평가해 초기에 시장성 있는 상품 개발이 가능해졌습니다.

CAM(Computer Aided Manufacturing)이나 CAT(Computer Aided Test)를 사용해 기존 수치 제어 공작 기계(NC 머신) 외에 인공지능(AI: Artificial Intelligence)을 탑재한 로봇 커뮤니케이션을 하게 됨으로써 생산 활동 및 테스트 고도화가 기대되고 있습니다.

양산화 진행 결정(Go) 지원을 위해 설계 검토(DR: Design Review) 시에는 시뮬레이션 데이터나 디지털 목업(DMU: Digital Mock Up)을 활용해 객관적인 판단을 할 수 있도록 지원하고 있습니다.

소프트웨어 개발의 중요성

지금까지 제품 개발의 주요 구성 요소는 기구계(기계)와 전자계(전기·전자)였지만, 최근 거기에 소프트웨어 요소가 추가됐습니다. 현재는 소프트웨어 개발의 지연이 납기에 중대한 영향을 미칩니다. 이에 따라 설계 초기 단계부터 기계, 전기·전자, 소프트웨어를 종합적으로 취급하는 토탈 아키텍처 (Architecture)를 검토할 필요가 있으며, 이는 인더스트리 4.0(5-3~4절 참조)에서의 필수 요건이라 할 수 있습니다.

✿ 개발·설계 업무 효율화를 위해 어떻게 할 것인가?

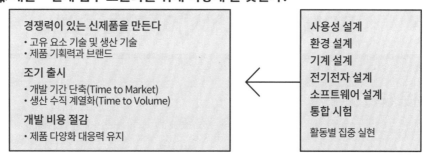

경쟁력이 있는 신제품을 만든다
- 고유 요소 기술 및 생산 기술
- 제품 기획력과 브랜드

조기 출시
- 개발 기간 단축(Time to Market)
- 생산 수직 계열화(Time to Volume)

개발 비용 절감
- 제품 다양화 대응력 유지

사용성 설계
환경 설계
기계 설계
전기전자 설계
소프트웨어 설계
통합 시험

활동별 집중 실현

✿ 개발 툴의 유효한 활용

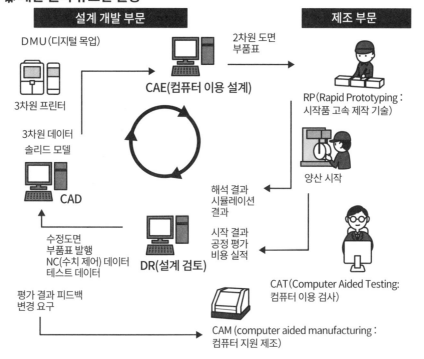

설계 개발 부문

제조 부문

DMU(디지털 목업)

3차원 프린터

CAE(컴퓨터 이용 설계)

2차원 도면
부품표

RP(Rapid Prototyping :
시작품 고속 제작 기술)

양산 시작

3차원 데이터
솔리드 모델

CAD

해석 결과
시뮬레이션
결과

시작 결과
공정 평가
비용 실적

수정도면
부품표 발행
NC(수치 제어) 데이터
테스트 데이터

DR(설계 검토)

CAT(Computer Aided Testing:
컴퓨터 이용 검사)

평가 결과 피드백
변경 요구

CAM (computer aided manufacturing :
컴퓨터 지원 제조)

✿ 소프트웨어 개발 과제

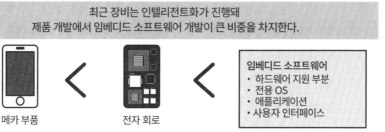

최근 장비는 인텔리전트화가 진행돼
제품 개발에서 임베디드 소프트웨어 개발이 큰 비중을 차지한다.

메카 부품

전자 회로

임베디드 소프트웨어
- 하드웨어 지원 부분
- 전용 OS
- 애플리케이션
- 사용자 인터페이스

2-9 기준 정보 관리 시스템은 BOM(부품명세서)이 기초 정보

BOM은 모든 것의 기초 정보

제품이 무엇으로 구성돼 있는지 개별 구성 부품을 나타내는 정보가 'BOM'(부품명세서: Bill Of Material)입니다. 설계 부문이 준비한 이 정보를 기본으로 해당 부품을 생산 기술 부문에서 내부 적으로 제조할지 외부에서 구입할지를 결정합니다.

다음 쪽 '부품명세서 이미지'는 계층 구조이고, 아래에서 순서대로 조립해가면 최종 제품이 완성됨을 보여줍니다(다음 쪽 첫 번째 그림 참조). 실제 부품표 데이터베이스는 계층형이 아닌 관계형 데이터베이스 종속 정보로 친자 관계로 기술돼 있습니다. 예를 들어 디스플레이가 부모라면 액정과 커버가 자식에 해당됩니다(다음 쪽 첫 번째 그림 왼쪽 참조).

생산관리에 필요한 제조 리드 타임(LT: Lead Time)이나 불량률(제조 도중에 파손되는 비율), 각 부모에 대해서 각 자식 부품이 몇 개 쓰이는지 등의 정보가 포함돼 있습니다. 재료 수급 계획(MRP: Material Requirement Planning)에서는 이 정보를 사용해 제품 생산 계획(MPS: Master Production Schedule)으로부터 어느 부품이 언제, 몇 개나 필요한지를 계산하므로 이 정보가 틀리면 올바른 부품 재료를 조달할 수 없습니다.

E-BOM(설계 부품명세서)과 M-BOM(생산 부품명세서)의 정보 연계

'설계 부품명세서'는 설계 부문이 작성하는 것으로, 제품의 기능과 품질을 보증하는 기술 정보를 제품 데이터 관리(PDM: Product Data management)/제품 라이프사이클 관리(PLM: Product Lifecycle Management) 시스템에서 관리하는 유일한 데이터베이스입니다.

'생산 부품명세서'는 가공 방법이나 순서, 경제성을 고려해 공장의 생산 기술 부문이 관리해 ERP에서 사용하는 데이터베이스입니다. 제조하기 쉽도록 새롭게 계층을 추가하거나 사외에서 구입하기 위해서 계층을 줄이는 등의 변경을 하는 경우가 있기 때문에 공장마다 다른 생산 부품표를 가지기도 하며, 그 차이가 공장의 실력 차로 연결되기도 합니다.

E-BOM에서 M-BOM으로의 정보 연계에 관해 알아봅시다. 설계 부문에서 공장 생산 부문으로 기술 정보를 전달하는 수단을 설계 변경이라고 하며, 두 종류의 전달 방법이 있습니다. 하나는 변경 부분만 전달하는 '정미 변경 방식'으로, 전송 데이터양도 적고 변경 부분이 어디인지 알기 쉽다

는 장점이 있습니다. 그러나 적용 순서를 틀리거나 누락된 것이 있으면 제대로 BOM을 유지할 수 없습니다.

다른 하나는 변경된 최신 BOM 전체를 보내서 옮기는 '전체 치환 방식'입니다. 이 방식은 매번 전체 정보를 받으면 낭비가 많습니다. 실제 운용에서는 일반 모드로 정미 변경 방식을 사용하고 이상 징후가 있을 경우 전체 치환 방식으로 변경하는 병용 모드를 사용합니다. 새로운 공장의 설립이나 생산 거점의 이관에는 전체 치환 방식이 효과가 있습니다.

✿ 부품명세서 이미지

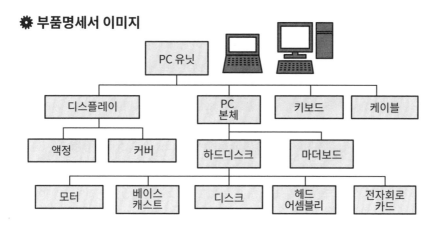

✿ 설계 부품명세서와 생산 부품명세서

설계 부품명세서

E-BOM: Engineering Bill of Material

- 설계 부문이 작성
- 기능, 품질이 기본
  (제품 사양과 연동)
- PDM/PLM 데이터베이스

생산 부품명세서

M-BOM: Manufacturing Bill of Material

- 생산 기술 부문 작성
- 가공 방법 및 순서, 경제성이 기본
  (생산 형태, 계획과 연동)
- ERP 데이터베이스

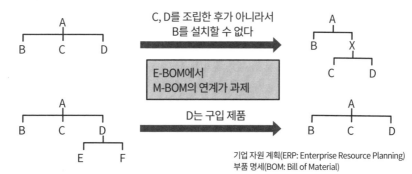

기업 자원 계획(ERP: Enterprise Resource Planning)
부품 명세(BOM: Bill of Material)

2-10 엔지니어링 체인 관련 BOM(부품명세서)

제조업의 2가지 주요 비즈니스 프로세스와 엔지니어링 체인

제조업의 비즈니스 프로세스는 크게 두 가지로 나눌 수 있습니다.

하나는 '공급망 관리'(SCM: Supply Chain Management)라고 불리는 자재 조달에 관한 일련의 업무로 현물의 흐름에 따른 업무 프로세스입니다(3-1절 참조).

다른 하나는 '엔지니어링 체인'(Engineering Chain)으로, 제품의 판매 전략으로부터 개발 설계, 양산, 판매, 애프터서비스, 생산 종료(EOL: End of Life)까지 일련의 업무에 대한 기술 정보 연계를 말합니다.

공급망(supply-chain)과 엔지니어링 체인(Engineering Chain)의 연결 지점에는 BOM(부품명세서)이 있어 설계 변경이라고 불리는 기술 정보의 갱신에 따라 설계 의사가 생산에 반영됩니다. 즉, 기술 부서가 작성한 도면을 실제 제품에 적용하기 위해서 필요한 기술 정보의 전달이 엔지니어링 체인의 역할이라고 할 수 있습니다.

엔지니어링 체인의 역할과 대표적인 BOM

기술 정보의 갱신 및 전달은 제조 부문만 대상이 아니라 공장 내 구매 부문, 자재 부문 또는 품질 관리 부문도 그 대상이 됩니다. 공장에서 출하된 제품의 기술 정보는 영업 부문이나 서비스 부문에 전달돼 각각 고유의 BOM에 저장됩니다. BOM은 대표적으로 5가지가 있습니다(다음 쪽 두 번째 그림 참조).

이 5가지 BOM 가운데 제품 기획 단계에서 만들어지는 'C-BOM'(Conceptual BOM)은 제품화와 관련된 모든 것을 BOM 형태로 저장함으로써 품질과 기능의 명확화뿐만 아니라 제조 원가 예측도 할 수 있게 해줍니다.

영업 부문에서 사용하는 'S-BOM'(Sales BOM)은 구성 관리 소프트웨어로 고객 요구에 맞은 옵션 기능 등을 제안할 수 있습니다.

서비스 부문에서 사용하는 'R-BOM'(Repair BOM)은 출하 제품의 구성이나 최신 설계 정보를 기준으로 부품 교환이나 수리를 위해 사용합니다. E-BOM과 M-BOM에 관해서는 2-9절을 참고합니다.

통합 BOM과 목적별 BOM의 과제

업무 프로세스별로 특화된 목적별 BOM이 여러 개 존재하는 것은 데이터베이스 기술 관점에서도 바람직하지 않지만, 각 BOM의 내용이 다르면 업무에 중대한 지장을 초래할 수 있습니다. 이것을 피하기 위해 통합 BOM을 만들어 개별적으로 대응하면 좋을 것 같지만, 개별 대응 로직이 너무 복잡해서 실용화하기가 쉽지 않습니다. 통합 BOM의 설계를 위해서는 다음 그림의 엔지니어링 프로세스를 지원하는 시스템이 필요합니다. 그것이 2-2절에서 설명한 '제품 라이프사이클 관리'(PLM) 개념으로, 시스템화될 경우에는 통합 BOM의 요건이 확정돼 실현 가능합니다.

✿ 제조업의 2대 비즈니스 프로세스

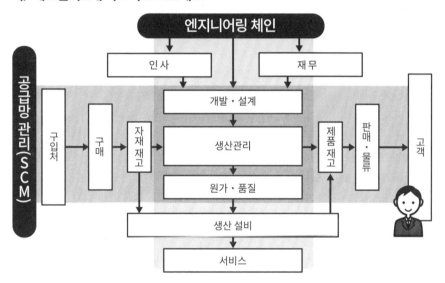

✿ 엔지니어링 체인-부품 명세표(BOM) 관계

신속한 제품 개발을 실현하는 프런트 로딩

프런트 로딩이 중요한 신제품 개발

신제품의 품질 비용은 개발설계 단계에서 85% 이상이 결정됩니다. 반대로 말하면, 생산 단계에서의 품질비용 개선효과는 최대 15% 미만입니다.

그래서 제조 기업은 신제품 개발·설계 단계에서 내부 자원(사람, 설비, 정보 시스템 등)을 최대한 투자하는 체제를 취합니다. 이 체제를 '프런트 로딩(Front Loading)'이라고 합니다. 프런트 로딩에서 실시하는 것은 다음 5가지 항목입니다.

(1) 컨커런트 엔지니어링(Concurrent Engineering, 동시처리 엔지니어링)

(2) 제품 데이터 관리(PDM: Product Data Management)에 의한 개발기간 단축

(3) 모듈 설계의 도입과 표준화

(4) 부품 공통화, 시판품의 활용

(5) 개발 부문과 생산 부문 간 협동의 충실

개선 기법으로 업스트림 관리라는 개념이 있습니다. 업스트림에서의 활동이 잘 수행되면 미드스트림과 다운스트림에서 몇 배, 몇십 배 좋은 결과를 가져온다고 합니다. 업스트림 관리를 제조업 업무에 적용하면 업스트림이 개발설계, 미드스트림이 생산, 다운스트림이 유지보수 서비스가 되기 때문에 개발 설계 단계에서의 최선의 활동이 미드스트림 생산 활동의 QCD에서 비약적인 효과를 가져다줍니다. 프런트 로딩은 제조업에서의 업스트림 관리의 대표 활동이라고 할 수 있습니다.

(1)~(3)에 대해 보충 설명하겠습니다.

(1)의 컨커런트 엔지니어링(동시처리 엔지니어링)은 제품의 기획부터 개발 설계, 생산 준비에 이르는 다양한 업무를 병행 처리해 양산까지의 개발 과정을 단축하는 기법입니다(다음 쪽 두 번째 그림 참조).

(2) 제품 데이터 관리(PDM)는 제품 개발에 있어서 제품에 대한 모든 정보(도면, 문서, 명세서, 설명서 등)를 일관된 형태로 통합 관리하는 시스템 또는 정보 시스템입니다.

(3) 모듈 설계란 제품의 기본 골격 부분을 분할해 조립 부품(모듈)으로 만들어 조립하는 방법입니다. 제품 모듈화의 이점은 양산 효과에 의해 비용을 절감할 수 있는 제품 다양화에 대한 대응이 쉬워지고 수주에서 납품까지의 리드 타임을 단축해 개발 기간을 단축할 수 있다는 점입니다.

✿ 프런트 로딩이란?

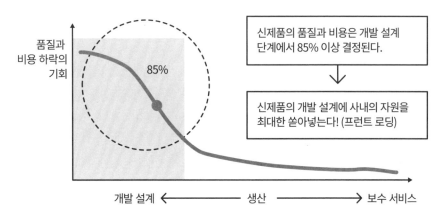

✿ 컨커런트 엔지니어링(동시 처리 엔지니어링)이란?

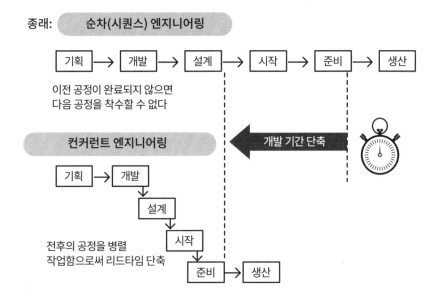

일본만은 예외다!

1970년대 초반의 이야기입니다. 저는 미국의 대형 컴퓨터 제조사인 IBM의 후지사와(藤沢) 소재 공장에서 일하고 있었습니다. 부품 발주에 당시는 드물었던 MRP를 사용했습니다. 세계의 각 공장이 미국 본사가 승인한 생산 계획으로 MRP를 돌려 부품을 조달해 생산하는 구조였습니다. 미국 본사는 이때 이미 MRP로 세계 각 공장의 생산을 통제하고 있었습니다. 당시 각 공장의 MRP 준수 상황은 미국과 유럽의 공장이 본사의 기대 대로 100%에 가깝게 준수하는 데 반해, 일본 공장은 70~80%로 제대로 준수하지 못하고 있었습니다. 이것을 문제로 인식한 미국 본사는 반복적으로 원인 분석과 개선책을 요구했습니다.

그 원인은 당시 MRP는 한 달에 한 번의 사이클이었으나 수요 변동이나 설계 변경은 날마다 발생했다는 점이었습니다. 당장 보완하지 않으면 한 달 후에는 너무 늦다는 생각에 공장 담당자들은 고민했습니다. MRP 준수를 우선시해서 미국 본사의 개선 요청에 따를지, 아니면 변화에 대한 대응을 먼저 할 것인지가 문제였습니다. 고지식하고 책임감 강한 일본인은 후자를 선택했고, 그 결과 MRP 준수율 미달성 이유를 미국 본사에서도 알게 됐습니다. MRP 준수율에서는 일본이 세계 최하위였지만, 정상적인 공장 경영을 평가하는 납기 준수율이나 재고 회전율에서는 일본이 세계에서 단독 1위였습니다. 일본인은 생산 통제 없이도 최선의 결과가 나오도록 노력한다고 미국 본사에서 생각하기 시작했습니다. 그리고 언제부터인가 미국 본사는 'MRP 준수율이 낮아도 일본만은 예외다!'라는 의미로 'Japan Exception'이라는 말을 쓰게 됐습니다. 경영에서도 같은 상황이 벌어졌습니다. 당시 일본 IBM 사장은 미국 본사 최고 경영진에 일본 시장과 고객 요구의 특이성을 호소해 미국 본사의 방침과 다르게 행할 수 있도록 요청해 그것을 위한 추가 예산을 확보하고 약속한 경영 성과를 올려 미국 본사의 최고 경영진에 'Japan Exception'이라고 말할 수 있었습니다.

독자 중에도 글로벌 기업에서 일하면서 서로 다른 문화와 국가에서 고생하는 사람이 있을 것입니다. 그런 분들에게 제안을 드리고자 합니다. 본사 지시와는 다르더라도 회사를 위해 좋은 결과를 내기 위해 노력하는 사람들에게 'Japan Exception'이라는 '보상'을 사례로 들어 보는 것은 어떨까요? 그것이 현지 직원에게 동기를 부여해 좋은 결과로 이어질 것이라고 믿습니다.

가와카미 마사노부(川上正伸)

03장

최신 공급망의
모든 것

3-1 공급망: 부품 조달부터 출하/배송까지

조달 업무에서의 관련 기업 및 부문 간 협업

제조업에 있어서 부품의 조달은 가장 중요한 과제의 하나입니다. 고도의 IT화가 진행돼도 부품이나 상품을 인터넷으로 반송할 수 없습니다. 또한, 요구가 다양화되며 상품 수명은 점차 짧아지고 비즈니스 속도는 가속화되고 있습니다.

이러한 환경에서 부품 조달율 향상, 수요 변동에 대한 유연한 대응 및 효율화는 기존 물류업자만으로 또는 지금까지 진행해왔던 부분 최적화나 단일 기업의 노력만으로는 한계가 있습니다.

오래전부터 대립 관계에 있었던 거래처와 발주처가 '최적화'와 '고객 중심 사고'를 키워드로 협업화를 진행하는 방안이 실행됐고, 이것이 '공급망' 개념의 시작이었다고 생각합니다. 실제 종합 가전 메이커나 자동차 업계의 계열 그룹들은 자본 관계나 인적 교류 외에 오랜 거래로 얻을 수 있는 신뢰 관계를 통해 부품 조달의 협동 체제를 실현하고 있으며 이것 역시 공급망이라고 할 수 있습니다.

공급망의 종류

공급망은 관련 조직의 종류에 따라 다음 세 개로 분류할 수 있습니다.

1. **부문 간 공급망**: 설계 개발, 조달, 제조, 판매, 물류의 각 업무 연계 외에도 현금 흐름(Cash flow)의 개선이라는 재무적 측면에서 전체 최적화를 추진합니다. 조직 편제까지 고려한 변화로 기업 내 노력만으로 실현 가능합니다.

2. **기업 내 공급망**: 고객 지향을 위해 부품 가공, 유닛 생산부터 완성품의 조립 테스트, 출하까지의 일련의 흐름이 동일 기업 내의 각 거점에서 만드는 협업 체제로 인해 발생하는 각 조직의 역학 관계 문제로 인해 의외의 어려움을 겪는 경우가 많습니다.

3. **기업 간 공급망**: 일반적인 공급망 정의로, 원재료의 조달부터 부품 공급, 제품 생산, 유통·도매 출하까지의 일련의 흐름을 기업의 벽을 넘어 하나의 비즈니스 프로세스로 분석합니다. 전체 최적화를 수행해 고객 만족도와 그룹 내 전 기업의 고수익을 지향하는 전략적 경영 방법으로, 공급망 내 기업들이 윈-윈(Win-Win)의 신뢰 관계를 구축하는 것이 성공의 관건입니다.

스마트 공급망의 실현

시스템적으로는 종래의 기간 시스템의 활용으로 충분한 효과를 얻을 수 있지만, 향후에는 AI(인공지능)를 이용해 수요 예측이나 수요 변동에 대한 유연하고 수준 높은 시뮬레이션이 실현될 것입니다. IoT(사물인터넷)에 의해 계획 정보를 시기적절하게 공유하고, 품질에 관한 정보를 생산 공정 및 설비 등급으로 파악한 빅데이터를 각 사가 공유함으로써 새로운 추적성(Traceability)의 실현도 가능합니다(다음 그림 참조).

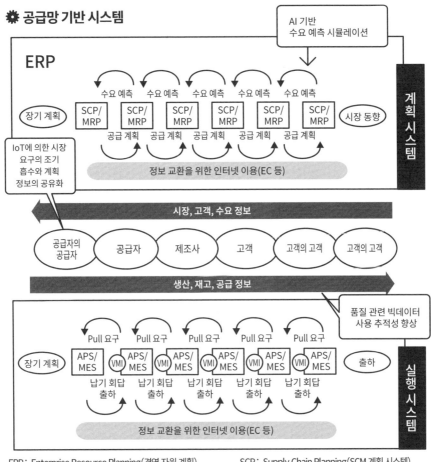

❋ 공급망 기반 시스템

ERP：Enterprise Resource Planning(경영 자원 계획)
VMI：Vendor Managed Inventory(거래처 관리 재고)
MRP：Material Requirement Planning(자재 요구 수량 계획)
MES：Manufacturing Execution System(제조 실행 시스템)

SCP：Supply Chain Planning(SCM 계획 시스템)
EC：Electronic Commerce(전자상거래)
APS：Advanced Planning and Scheduling
　　(선진적 생산 계획 & 제조 스케줄링)

※ 똑같은 공급자라도 부품에 따라 VMI와 Pull 요구 및 납기 응답 방식을 구분한다.

3-2 공급망의 발전 단계

SCM은 어떤 이유로 시작됐을까?

일본이 고도의 경제 성장을 누리던 1960~70년대에는 수요가 공급을 크게 앞질렀습니다. 제조사들이 성장하는 수요에 대응하기 위해 기능별, 조직별 최적화를 추구하면서 생산했습니다. 당시 생산 형태는 '소품종 대량 생산'이 주류였지만, 80년대에 들어서면서 고도 경제 성장이 서서히 정체되고 고객의 요구는 점차 다양해졌습니다.

당시의 기능별, 조직별 최적화 형태의 제조 체계는 빠른 시장 변화에 대응하기에 여러 가지 문제가 있었습니다. 이에 대응하기 위해 만들어진 개념이 기능 횡단형(기능 가상화), 조직 횡단형(조직 가상화)의 물건 만들기인 SCM(공급망 관리)의 시작입니다. SCM의 등장으로 시장이나 고객 요구에 신속히 대응할 수 있는 토대가 마련됐습니다(다음 쪽 첫 번째 그림 참조).

SCM 발전 단계와 도입 효과

SCM은 1단계의 부문 간 SCM에서 글로벌 SCM까지 5개의 고도화 단계로 정의됩니다. 단계가 고도화됨에 따라 부문 간에서 기업 간으로, 국내에서 해외로 제휴(가상화)의 범위가 넓어집니다. 각 단계의 정의는 다음 쪽 두 번째 그림과 같습니다.

SCM 도입의 가장 큰 효과는 부문 간이나 기능 간, 기업 간의 정보 또는 시간의 부정합으로 생기는 많은 낭비(재고나 리드 타임)를 해소할 수 있다는 것입니다. 부정합의 규모는 부문 간보다는 기능 간, 기능 간보다는 기업 간, 국내보다는 해외로 범위가 확대됨에 따라 커지고 이에 비례해 낭비 규모도 커집니다. 결국 SCM 단계를 지속해서 고도화하면 도입 효과가 커집니다.

현재 일본 제조업체의 SCM 발전 단계는 어느 정도일까요? 유감스럽지만 아직 2단계 근처에 머무르고 있습니다. 글로벌화를 추진하는 일본의 제조업에서 어떻게 3단계, 4단계로 발전해 나갈지가 향후 큰 과제이며, 그것을 해결하기 위해서 지금부터 기업 간 제휴, 국제 간 제휴를 꾀하는 것이 중요한 해결 과제입니다.

✿ SCM은 어떤 이유로 시작됐을까?

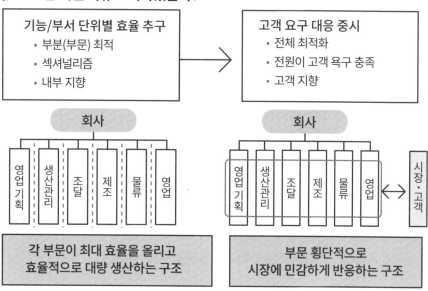

기능/부서 단위별 효율 추구
- 부분(부문) 최적
- 섹셔널리즘
- 내부 지향

고객 요구 대응 중시
- 전체 최적화
- 전원이 고객 욕구 충족
- 고객 지향

회사
영업기획 | 생산관리 | 조달 | 제조 | 물류 | 영업

회사
영업기획 | 생산관리 | 조달 | 제조 | 물류 | 영업 | 시장·고객

각 부문이 최대 효율을 올리고
효율적으로 대량 생산하는 구조

부문 횡단적으로
시장에 민감하게 반응하는 구조

✿ SCM 단계별 적용 범위

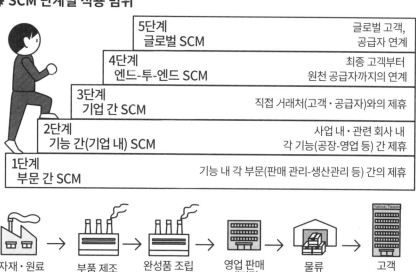

5단계 글로벌 SCM	글로벌 고객, 공급자 연계
4단계 엔드-투-엔드 SCM	최종 고객부터 원천 공급자까지의 연계
3단계 기업 간 SCM	직접 거래처(고객·공급자)와의 제휴
2단계 기능 간(기업 내) SCM	사업 내·관련 회사 내 각 기능(공장-영업 등) 간 제휴
1단계 부문 간 SCM	기능 내 각 부문(판매 관리-생산관리 등) 간의 제휴

자재·원료 메이커 → 부품 제조 → 완성품 조립 → 영업 판매 대리점 → 물류 → 고객

낭비   낭비   낭비   낭비   낭비

부문 간이나 기능 간, 기업 간에는 많은 낭비가 존재한다.

3-3 공장 각각의 기능을 연결하는 공급망(SCM)

공급망을 구성하는 공장의 기능

3-1절과 3-2절을 통해 공급망의 기원과 발전 단계, 그리고 스마트 공급망 등에 관해 설명했습니다. 공장에서는 생산관리부와 구매부, 자재부, 생산부, 품질 관리부, 경리부 등 여러 부문이 연계하면서 제품 생산을 추진합니다. 한편, 같은 공장을 다른 관점에서 파악하면 생판재(PSI) 계획, 자재 소요량 계획(MRP), 구매 관리, 재고 관리, 공정 관리, 물류 관리 등 여러 기능이 묶여 공장이라는 큰 생산 시스템이 만들어집니다.

또한, 기업은 역할이 서로 다른 여러 공장이 있습니다. 이 공장들을 묶어 '기능 간 (기업) 공급망', '기업 간 공급망', '엔드-투-엔드(End to End) 공급망'을 거쳐 '글로벌 공급망'이라는 최종 목표에 도달합니다. '천리 길도 한 걸음부터'라는 말이 있습니다. 글로벌 공급망을 최종 목표로 한다고 해서 한 번에 최종 목표에 도달할 수 없습니다. 부서 간 또는 기능 간의 공급망 성공이 상위 단계 도약으로의 첫 걸음입니다.

6개 기능과 키워드

기능 간 공급망은 다음 6가지 기능으로 구성됩니다(다음 쪽 그림 참조).

1. **생판재(PSI: 생산[Products], 판매[Sales], 재고[Inventory]) 계획** _ 수요 예측, 판매 계획, 재고 계획, 생산 계획, 기준 생산 계획 등의 업무로 구성됩니다. 키워드는 '수요 변화에 대한 민첩한 대응'입니다.

2. **자재 소요량 계획(MRP)** _ 기준 생산 계획 소요량 전개, 부품 및 재료의 생산 주문 및 구매 주문으로 연결됩니다. 키워드는 '최신 기준 생산 계획을 신속하게 빠짐없이 부품 주문과 연결'입니다.

3. **구매 관리** _ 구매 주문의 발행에서 납기 관리, 수용 검수 미지급금 관리까지 일련의 업무를 포함합니다. 키워드는 '우량 공급업체와 윈-윈 거래 관계'입니다.

4. **재고 관리** _ 부품 및 재공품, 완제품 입출고 관리, 재고 관리, ABC 관리, 잉여 재고 관리 등의 업무를 포함합니다. 키워드는 '적정 재고와 재고 정확도 유지'입니다.

5. **공정 관리** _ 생산 주문 발행, 스케줄링, 공정 진척 관리, 공정 품질 관리, 실적 평가 관리 등이 포함됩니다. 키워드는 '병목현상 해소와 부하 평준화'입니다.

6. **물류 관리** _ 창고 관리 및 수송 관리가 중심이 됩니다. 키워드는 '물류 가시화'입니다.

다음 절에서는 기능 간 공급망을 구성하는 6개의 기능과 이를 지원하는 정보 시스템에 관해 자세히 설명합니다.

✿ 공급망을 구성하는 공장의 기능

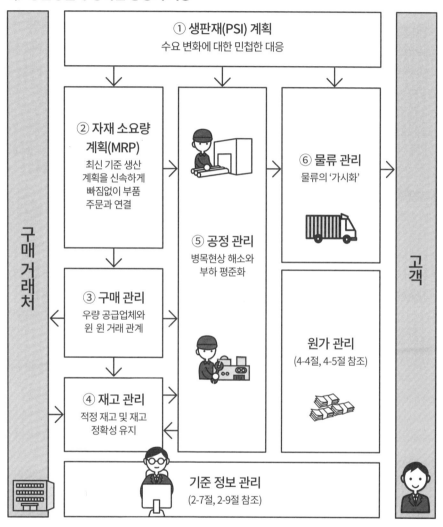

3-4 수요 예측에서 생산 계획까지
생판재(PSI) 계획 시스템

수요 예측과 판매 계획이 출발점

생판재(PSI) 계획은 생산 계획을 작성하는 업무로 생산 활동의 출발점입니다.

업무의 흐름은 '수요 예측 및 판매 계획 → 재고 계획 → 생산 계획 → 기준 생산 계획'의 순서입니다. 이 절에서는 생판재(PSI) 계획을 구성하는 수요 예측 및 판매 계획, 재고 계획, 생산 계획의 요점을 설명하고 기준 생산 계획은 다음 절에서 설명합니다.

판매 부문에서 만드는 '판매 계획'은 시장의 히트 상품이나 과거 판매 실적, 경쟁사 제품 동향 등을 보면서 제품별 및 기간별로 만드는 것입니다.

판매 계획은 이른바 무에서 유를 만들어내는 작업이므로 계획을 세울 때 단서가 필요합니다. 그 단서가 되는 것이 '수요 예측'입니다. 다음 쪽 표에서 수요 예측 모델의 사례를 보여줍니다. 수요 예측 모델은 복잡한 예측 모델이 항상 잘 맞는 것은 아니고 간단한 예측 모델이 더 잘 맞는 제품도 있습니다. 제품 특성과 시장 특성에 따라 최적 모델을 선택하는 것이 바람직합니다.

재고 계획과 생산 계획

판매 계획은 수요 예측을 바탕으로 세우지만, 계획은 계획에 지나지 않습니다. 실제로 판매 계획과 주문량에 차이가 생겨 판매 계획보다 주문량이 많을 경우 판매 기회를 잃게 됩니다. 그래서 기회 손실을 방지하기 위해 제품 재고가 필요하지만, 반대로 주문량이 판매 계획보다 적을 경우 제품 재고는 잉여가 됩니다. '재고 계획'은 이러한 제품 재고의 양을 잘 조절하기 위해 세우는 것입니다. 여기에서 중요한 것은 적정한 재고량, 즉 '많지도 적지도 않게'라는 균형 감각입니다.

반면에 앞서 기술한 판매 계획 및 재고 계획은 어디까지나 판매자 입장의 희망 사항이며 생산 부문이 만드는 보장에 따라 파생된 계획은 아닙니다.

'생산 계획'에서 중요한 것은 실행(생산) 가능한 계획이며, 남아 있는 공정 부하가 생산 능력을 초과하는 경우, 생산 부문은 '조기 생산으로 대응', '잔업, 휴일 출근으로 대응', '외주 의뢰로 대응' 등 부하 조정을 하면서 가능한 생산 계획으로 조정합니다(다음 쪽 그림 참조).

✿ 수요 예측 모델의 예

제품 특성과 시장 특성에 따라
적합한 모델을 선택하는 것이 중요!

No	수요 예측 모델명	노이즈	트렌드	주기	외부 데이터
1	단순 이동 평균	●			
2	이동 평균(MA)	●			
3	1차 지수 평활	●			
4	2차 지수 평활	●	●		
5	직선·곡선 근사	●	●	●	
6	자기 회귀	●		●	
7	자기 회귀 이동 평균(ARMA)	●		●	
8	자기 회귀 통합 이동 평균(ARIMA)	●	●	●	
9	윈터스(Winters)	●	●	●	
10	신경망	●	▲	▲	●
11	다중 회귀	●		●	●

(출처) «在庫管理のための需要予測入門(재고관리를 위한 수요 예측 입문)»(東洋経済新報社 2004)

✿ 부하 조정 설정 방법

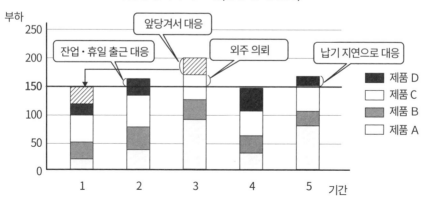

어떤 공정의 부하 조정(공정 능력: 150)

3-5 생산 계획에서 기준 생산 계획까지의 생판재(PSI) 계획 시스템

생산 계획에서 기준 생산 계획으로

3-4절에서 설명한 생산 계획은 제품 그룹 단위, 또는 계획 기간(버킷)을 월이나 주 단위로 해서 약식으로 세웁니다. 이 약식 계획을 공장 제조 레벨로 상세화한 계획이 '기준 생산 계획'입니다. 기준 생산 계획은 제품 그룹을 제품 모델(제품 번호) 단위로, 계획 기간은 일 단위로 상세하게 기록합니다.

제품 그룹에서 제품 모델(제품 품목 코드)로 상세화

제품 그룹에서 제품 모델로 상세화하기 위해 '계획 테이블'을 사용합니다. 계획 테이블은 판매 부서에서 지정하는 경우와 과거의 판매 실적을 분석해 작성하는 경우가 있습니다(다음 쪽 첫 번째 그림 참조).

제품 그룹 A가 A1, A2, A3의 3종류 제품 모델의 총칭이라고 하면 그림의 '계획 테이블 X'에 의해 매월 비율(%)을 사용해 월별 수량을 모델별 수량으로 구체화합니다. 조금 더 복잡한 것이 '계획 테이블 Y'입니다. 기본 구성은 제품 A의 어느 모델과도 공유되고, 선택 사양을 추가해 추가 사양이 있는 경우와 없는 경우로 분류합니다.

월 단위에서 일 단위로 상세화

월 단위에서 일 단위로의 상세화는 2단계로 진행합니다. 우선 1단계로 제품 그룹의 합계를 일별로 상세화하고 2단계에는 제품 모델별로 할당합니다(다음 쪽 두 번째 그림 참조).

1단계 월별 합계를 해당 월의 가동 일수로 나눕니다. 균등하게 같은 수로 나뉘면 그 수를 일별 생산량으로 하고 균등하게 나누기 어려운 경우에는 다른 제품 그룹과의 균형을 고려해 몇 가지 케이스에서 하나를 선택합니다.

2단계 일별 생산량을 제품모델에 할당합니다. 작업 효율을 높이기 위해 준비 작업을 줄여 제품 모델 A1, A2, A3 순서대로 일별 생산량을 할당하는 것이 일반적이지만, 절차 작업에 시간이 필요하지 않은 경우 일 단위로 A1, A2, A3를 할당하는 방법도 수행됩니다.

🔅 제품 그룹에서 제품 모델(제품 번호) 단위로 계획을 상세화하는 예

계획 테이블 X

제품 A	N월	N+1월	N+2월	N+3월
A1	50%	45%	50%	40%
A2	20%	25%	25%	30%
A3	30%	30%	25%	30%

매달 100대를 생산하는 경우

제품 A	N월	N+1월	N+2월	N+3월
A1	50	45	50	40
A2	20	25	25	30
A3	30	30	25	30

계획 테이블 Y(자동차 사례)

제품 A		
기본 구성	바디 엔진	100% 100%
선택 사양	수동 5단 자동 5단 자동 4단	25% 45% 35%
추가 사양	네비게이션 블랙박스	30% 20%

100대를 생산하는 경우

제품 A		
기본 구성	바디 엔진	100 100
선택 사양	수동 5단 자동 5단 자동 4단	25 45 35
추가 사양	네비게이션 블랙박스	30 20

🔅 월 단위에서 일 단위로의 전개

1단계

제품 A	1 월	2 화	3 수	4 목	5 금	6 토	7 일	8 월	9 화	10 수	11 목	12 금	13 토	14 일	15 월	16 화	17 수	18 목	19 금	20 토	21 일	22 월	23 화	24 수	25 목	26 금	27 토	28 일	29 월	30 화	합계
케이스1	4	4	5	5	5			4	4	5	5	5			4	4	5	5	5			4	4	5	5	5			4	4	100
케이스2	5	5	5	4	4			5	5	5	4	4			5	5	5	4	4			5	5	5	4	4			4	4	100
케이스3	5	5	5	5	5			5	5	5	5	5			5	5	4	4	4			4	4	4	4	4			4	4	100

사례 1을 선택

2단계

사례 1을 선택

제품 A	1 월	2 화	3 수	4 목	5 금	6 토	7 일	8 월	9 화	10 수	11 목	12 금	13 토	14 일	15 월	16 화	17 수	18 목	19 금	20 토	21 일	22 월	23 화	24 수	25 목	26 금	27 토	28 일	29 월	30 화	합계
A1	4	4	5	5	5			4	4	5	5	5			4																50
A2																4	5	5	5			1									20
A3																						3	4	5	5	5			4	4	30
합계	4	4	5	5	5			4	4	5	5	5			4	4	5	5	5			4	4	5	5	5			4	4	100

3-6 MRP(자재 소요량 계획)의 구조와 역할

MRP의 구조

3-5절에서 설명한 기준 생산 계획대로 생산하기 위해서는 먼저 제조에 필요한 부품이나 원새료를 준비합니다. 사용하는 부품이나 원재료는 제품별로 적게는 수백 점, 많게는 수만 점을 준비해야 합니다. 이것을 수작업으로 실행하기는 어렵기 때문에 'MRP'(Material Requirements Planning: 자재 소요량 계획) 시스템을 이용합니다. MRP 시스템을 움직이려면 다음 3가지 정보가 필요합니다.

- **수요 정보** 주요 수요 정보는 기준 생산 계획이지만, 이외에도 부품이나 원자재 등의 독립 수요가 있습니다.
- **기준 정보** 자재 소요량 구체화에 필요한 다양한 마스터 정보가 포함됩니다. 부품명세서(BOM), 품목 마스터, 공정표가 주요한 정보로, 기준 정보의 3대 마스터 정보입니다.
- **재고 정보** 실제 재고뿐만 아니라 향후 공급될 예정 재고도 포함합니다.

MRP에서는 이 3종류의 정보를 사용해서 자재 소요량 계획을 세워 구매 주문이나 제조 주문의 초안을 작성합니다.

MRP의 계산 사이클과 계산 구조

MRP에서는 기준 생산 계획을 기초로 부품 명세서를 사용해 시계방향으로 '총 소요량 계산→순 소요량 계산→계획주문 로트⁴(Lot) 정리→계획 주문 착수일·완료일 계산'이라고 하는 사이클을 부품 명세서 위에서 아래로 몇 번씩 반복하면서 계획 기간별로 부품이나 원자재의 소요량을 계산합니다(다음 쪽 첫 번째 그림 참조).

빙글빙글 도는 모습이 시곗바늘이 도는 모습과 비슷한 것에서 MRP를 실행하는 것을 'MRP를 돌린다'라고 말하기도 합니다. 이 계산 사이클은 복잡도와는 관계없이 어떠한 부품 구성의 제품이라도 부품 명세서상의 가장 낮은 단계의 부품·재료 확인 시까지 반복 실행합니다. 덧붙여 순 소요량은 총 소요량으로부터 재고량을 공제한 양입니다.

---

4 로트 – 1회에 생산되는 특정 수의 제품의 단위. 여러 개 또는 상당 수량의 한 덩어리 제품의 품질을 관리하기 위해 동일 원료·동일 공정에서 생산되는 그룹을 표시하는 번호

MRP 계산은 부품표 위에서 아래로, 수직 및 수평 방향 단계를 각각 밟으면서 계산을 진행합니다 (두 번째 그림 참조).

MRP의 계산 사이클

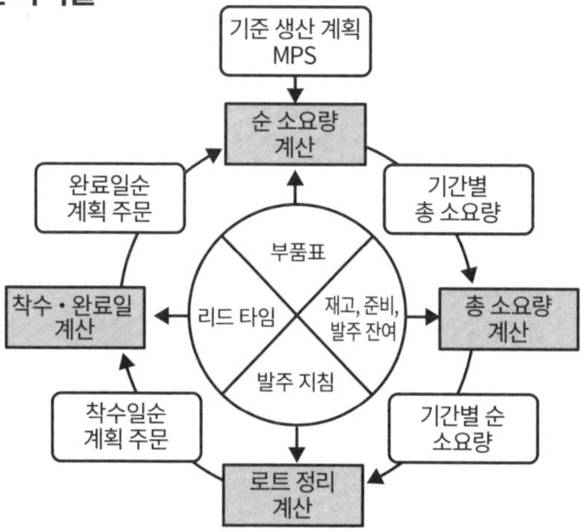

MRP의 계산 구조

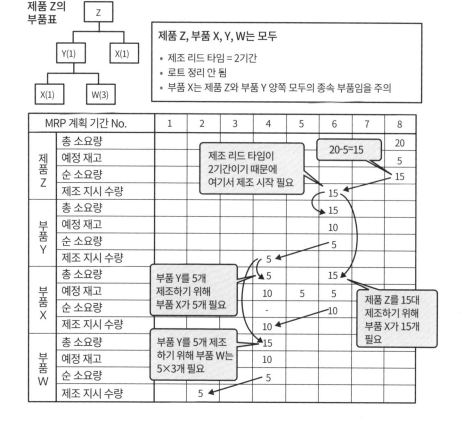

제품 Z의
부품표

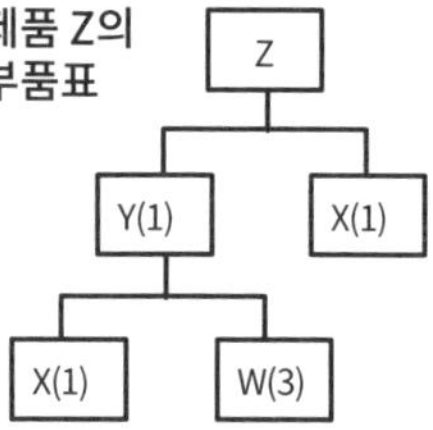

제품 Z, 부품 X, Y, W는 모두

- 제조 리드 타임 = 2기간
- 로트 정리 안 됨
- 부품 X는 제품 Z와 부품 Y 양쪽 모두의 종속 부품임을 주의

MRP 계획 기간 No.		1	2	3	4	5	6	7	8
제품 Z	총 소요량								20
	예정 재고								5
	순 소요량								15
	제조 지시 수량						15		
부품 Y	총 소요량						15		
	예정 재고						10		
	순 소요량						5		
	제조 지시 수량				5				
부품 X	총 소요량				5		15		
	예정 재고				10	5	5		
	순 소요량				-		10		
	제조 지시 수량				10				
부품 W	총 소요량				15				
	예정 재고				10				
	순 소요량				5				
	제조 지시 수량		5						

제조 리드 타임이 2기간이기 때문에 여기서 제조 시작 필요

20-5=15

부품 Y를 5개 제조하기 위해 부품 X가 5개 필요

제품 Z를 15대 제조하기 위해 부품 X가 15개 필요

부품 Y를 5개 제조하기 위해 부품 W는 5×3개 필요

3-7 MRP(자재 소요량 계획)가 산정한 구매 주문과 제조 주문 평가

구매 주문과 생산 주문 초안의 타당성 평가

MRP의 산출물은 구매 주문과 생산 주문의 초안입니다. 초안은 전문 부서(생산관리 부서)에 의해 타당성이 평가됩니다(다음 쪽 첫 번째 그림 참조).

평가 결과는 ① 수정 없이 그대로 주문할 수 있는 주문, ② 수정 후 주문할 수 있는 주문, ③ 발주 중지 주문의 3종류입니다. 이상적인 것은 주문 초안이 모두 ①이 되는 것이지만, 이는 현실적으로 어려우며 전체에서 ①의 비율은 70~90%가 일반적입니다. 즉, 전체의 10~30%는 ② 또는 ③에 해당합니다. 그것은 MRP 시스템의 입력 정보인 수요 정보, 기준 정보, 재고 정보에 문제가 있기 때문입니다(다음 쪽 아래 표 참조).

MRP 준수 항목 보고서(컴플라이언스 리포트)의 사용법

MRP 준수 항목 보고서는 제조 주문과 구매 주문 초안의 타당성 평가와 수정 결과를 검토하는 것입니다. 이것은 이번 결과뿐만 아니라 다음번 MRP의 개선책이나 재발 방지책을 검토하는 데도 중요한 정보입니다.

생산관리 부문 담당자는 ②, ③의 실제 원인 항목을 규명하고, 그 결과에 대한 개선책이나 재발 방지책을 마련합니다. 이렇게 해서 ②, ③의 항목 수를 줄여가면 MRP의 이용도가 높아져 결과적으로 제조 주문이나 구매 주문 초안의 타당성 평가와 수정에 드는 작업 시간도 축소됩니다.

MRP는 업스트림 관리(Upstream Management)가 중요

최근 제조 회사에서는 MRP 활용도를 개선하기 위해 업스트림 관리 개념을 도입하고 있습니다. 업스트림 관리는 MRP 입력 정보의 불일치나 결함을 사전에 확인하고 필요한 수정을 가한 후 MRP를 실행하는 것입니다. BOM 이미지에서 알 수 있듯이 제품 레벨에서 한 개의 결함을 고치고 MRP를 돌리면 부품 및 원자재 수준에서 수백~수천 개의 수정 사항이 제거돼 MRP의 유효성이 획기적으로 향상되고 제조에 걸리는 총 소요 시간이 단축됩니다.

✿ 구매 주문과 제조 주문 초안의 타당성을 평가한다

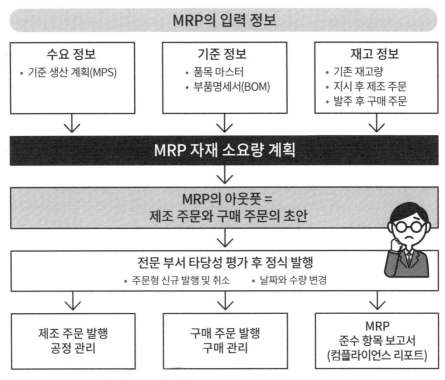

MRP의 입력 정보

수요 정보	기준 정보	재고 정보
• 기준 생산 계획(MPS)	• 품목 마스터 • 부품명세서(BOM)	• 기존 재고량 • 지시 후 제조 주문 • 발주 후 구매 주문

MRP 자재 소요량 계획

MRP의 아웃풋 =
제조 주문와 구매 주문의 초안

전문 부서 타당성 평가 후 정식 발행
• 주문형 신규 발행 및 취소　　• 날짜와 수량 변경

제조 주문 발행 공정 관리	구매 주문 발행 구매 관리	MRP 준수 항목 보고서 (컴플라이언스 리포트)

MPS : Master Productions Schedule

✿ 구매 주문과 생산 주문의 초안을 사용할 수 없는 이유

수요 정보	• 기준 생산 계획 작성 후에 큰 수요 변동이 생겼을 경우(대량 주문, 대량 주문 취소)
기준 정보	• BOM에 오류가 있는 경우 • 설계 변경이 BOM 및 자재 마스터에 반영되지 않은 경우 • 생산 주문이 구매 주문으로 돼 있는 경우 • 구매 리드 타임과 생산 리드 타임에 오류가 있는 경우
재고 정보	• 재고 수량에 오류가 있는 경우 • 대체품을 잉여 재고로 활용하고 싶은 경우 • 주문 후 주문이 미반영된 경우 • 납품 수용 제의 주문이 남아있는 경우

3-8 생산 형태를 MRP 방식과 제조번호 관리방식으로 분류

MRP의 특징 및 기능

'MRP 방식'은 제품의 수요 예측을 바탕으로 생산에 필요한 자재의 조달 계획을 세우는 기능으로, 기술적으로 다음 두 가지 주목할 만한 기능이 있습니다.

하나는 '로우 레벨 코드'(LLC: Low Level Code)라는 것으로, 각 부품이 전체 제품 부품 구조(트리 구조로 관리) 중 위에서 몇 번째인지를 확인하고 트리 구조 가장 하단의 수준임을 나타냅니다. 그 수준보다 아래에는 같은 부품이 존재하지 않음을 나타내기 때문에 MRP가 이 코드를 사용해 같은 부품을 모두 모아서 처리할 수 있으므로 합리적입니다.

다른 하나는 MRP가 출력한 생산부품 주문을 자신의 입력으로 사용해 부품표를 위에서 아래까지 자동으로 확장하는 기능입니다. 그 결과 완성된 자재의 공급 정보가 품목 번호별로 정리돼 전체 양을 관리한 후 여분의 부품을 다른 제품에 사용할 수 있기 때문에 낭비없는 보충이 가능합니다.

제조번호 관리방식 비교

'제조번호 관리방식'은 생산준비 중에 '제조번호'라는 관리번호를 설정하고 계획·발주·출고·작업 지시에서 출고까지의 전 작업을 하나의 제조번호로 관리하는 구조입니다. 이 방식은 제품의 실제원가 계산 및 고객주문과의 연결, 진척 관리, 또는 설계 변경에 따른 부품의 전환 관리가 쉽다는 장점이 있습니다.

또한 공통 부품에 대해서도 한번 제조번호로 설정한 것은 마음대로 사용할 수 없기 때문에 구분하기 쉽지만, 주문 변경으로 인해 남은 부품을 다른 제조번호에 사용하거나 구매하는 것은 처리가 복잡해 시스템에서의 대응이 어렵습니다.

실제로는 담당자 간의 소통으로 어떻게든 낭비를 막으려고 해도 실제 현장과 시스템상의 수치가 달라 추가적인 보완 작업이 필요하게 되는 등의 폐해가 있습니다.

MRP 방식과 제조번호 관리방식 중 어떤 방식인가가 중요한 것이 아니라 제품의 특성을 고려해 어느 것이 적합한지 판단해야 합니다. 일반적으로 자동차나 가전 제품 같은 양산품에는 MRP가, 일반적으로 사용되는 생산설비 및 대형 선박과 같은 개별 주문형 제품은 제조번호 관리방식이 더 적합합니다.

✿ MRP의 처리 구조

① MPS도 LLC별 수요 정보에 등록된다.

② MRP는 LLC 순서대로 처리한다.

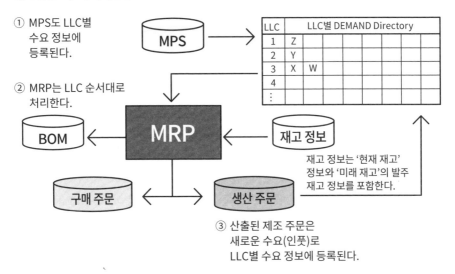

LLC	LLC별 DEMAND Directory					
1	Z					
2	Y					
3	X	W				
4						
⋮						

재고 정보는 '현재 재고' 정보와 '미래 재고'의 발주 재고 정보를 포함한다.

③ 산출된 제조 주문은 새로운 수요(인풋)로 LLC별 수요 정보에 등록된다.

✿ MRP와 제조 번호 관리에서 자재 할당의 차이

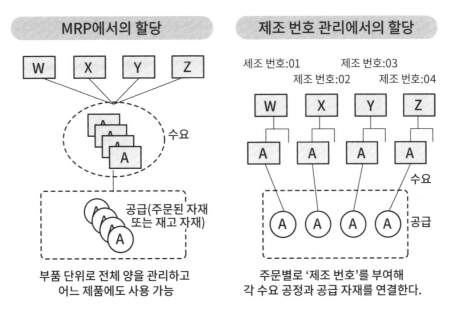

MRP에서의 할당

부품 단위로 전체 양을 관리하고 어느 제품에도 사용 가능

제조 번호 관리에서의 할당

주문별로 '제조 번호'를 부여해 각 수요 공정과 공급 자재를 연결한다.

3-9 구매 관리 시스템에 의한 주문 및 공급 관리

구매 관리 시스템의 역할

제조업에서는 생산에 필요한 부품 및 생산 설비에 한정하지 않고 문구용품, 비품 등 생산 활동에 직접 관련되지 않은 다양한 물품도 외부에서 조달합니다. 이러한 일련의 거래를 지원하는 것이 '구매 관리 시스템'입니다.

구매 대상 품목은 생산용 부품 및 일반 구매 제품의 2가지로 분류되며, 각각 특징이 있습니다(다음 쪽 첫 번째 그림 참조). 생산용 부품은 제품으로 출하되며 2장에서 설명한 BOM에 나타납니다. 일반 구매 제품은 직접 출하하는 것은 아니지만, 생산 활동에 필요한 물품이나 서비스를 말합니다.

각각 구매 업무를 비교하면 다음과 같은 두 가지 큰 차이가 있습니다.

1. 생산용 부품은 미리 견적을 받아 그 가격으로 반복 구매하지만, 일반 구매 제품은 필요할 때 견적을 내고 발주하기 때문에 업무의 흐름이 다릅니다.

2. 생산용 부품은 수요가 있으면 예산 외라도 구입하는 것이 당연하지만, 일반 구매 제품의 경우 예산이 없으면 구매를 미룹니다. 따라서 단일 시스템으로 모든 구매 업무를 지원하는 것도 가능하지만, 일반적으로는 별도의 시스템을 사용하는 경우가 많습니다.

구체적인 발주 및 납품 관리 방법

주문 및 공급 관리 시 일반적으로 발주 회사는 주문서를 발행할 때 송장도 함께 첨부해 전달합니다. 여러 거래처에서 다른 송장이 납품되면 수입 업무가 번잡해지기 때문입니다.

한편, 거래처에서 보면 발주 회사마다 다른 송장을 발송하는 것보다 자신의 납품서 1개로 처리하고 싶은 것이 당연합니다. 쌍방의 의견이 대립하고 있지만, 이 경우 발주측의 청구서를 사용하는 것이 일반적입니다. 10여 년 전까지는 청구서가 종이였기 때문에 보관 장소의 확보나 검색이 복잡했지만, 현재는 전자 데이터 교환(EDI: Electronic Data Interchange)으로 처리하기 때문에 취급하기가 간편해졌습니다. 신청서에는 인지세가 들지만, 신청서를 생략해도 계약서에 '명확한 거절을 언급하지 않는 경우 받았다고 본다'라고 기술하는 주문 확인하는 방법도 많이 사용합니다. EDI를 사용하는 경우 시스템 로그로 증명되기 때문에 EDI 운용을 제삼자에게 위탁하면 객관성이 더 높아집니다. 또한 수입 및 검사, 납품 물품의 품목, 납기, 수량을 확인하고 수령할 수 있지만, 아직 생산에는 사용할 수 없으며 지불의 의무도 없습니다. 기능 확인 검수 후에야 생산에 사용할 수 있고 청구 대상이 됩니다.

✸ 구매 대상 품목은 어떤 것?

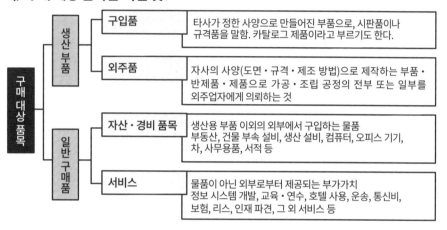

✸ 주문에서 결제까지 거래처와의 프로토콜에서 수입, 검사, 검수의 차이

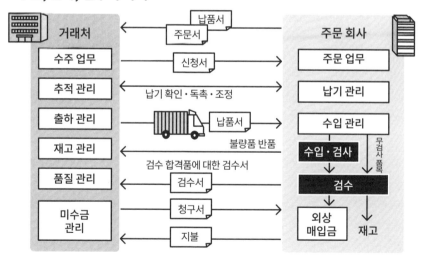

3-**10**   내시·확정 발주 방식, 간판 방식, VMI 등의 구매 관리 시스템

구매 리드 타임은 가능한 단축해야 한다

제조 원가의 60~80%를 재료비가 차지하는 조립 가공 산업에 필요한 부품 주문은 중요한 문제입니다. 주문은 수요 예측에 따라 MRP에 의해 준비하지만, 구매 리드 타임이 길고 납입 희망일보다 훨씬 전에 주문해야 합니다(다음 쪽 그림 참조). 결품과 재고 증가를 피하기 위해 필요한 분(分) 단위로 주문이 가능하면 좋겠지만, 구매 리드 타임은 그렇게 쉽게 줄일 수 없습니다. 그래서 다양한 연구가 진행되고 있습니다.

구매 리드 타임을 단축하는 방법

구매 리드 타임을 단축하는 주요 방법에는 다음 세 가지가 있습니다(다음 쪽 그림 참조).

1. **내시·확정 발주 방식**

   미리 필요한 원료와 공정의 전체량을 공유해 거래처가 사전 준비를 하는 방법입니다. 확정 주문은 일반 주문보다 타이밍을 유지하기가 훨씬 쉽고 그만큼 예측 정확도가 높기 때문에 재고 감소의 효과도 기대할 수 있습니다.

2. **납품 지시 및 간판 방식**

   내시 확정 발주 방식의 일종으로, 실제 납입 시 납입 지시서를 발행하고 생산 상황에 맞게 분납하는 방식입니다. 자동차 업계에서는 민감 정보 외에도 일정 기간 기밀 정보를 공급 체인의 공급자에게 제공하는 등 전체 공급 체인의 효율화를 도모하고 있습니다. 납품 지시 대신 실적에 근거한 정보로 '간판'을 사용할 수 있습니다.

3. **VMI: Vendor Managed Inventory(예탁 주식 방식의 일종)**

   가장 좋은 리드 타임 단축 방법은 VMI입니다. 거래처 재고를 그대로 사전에 발주 메이커의 생산 라인 측에 자재로 납입해 두고, 사용한 만큼만 지불하는 방법입니다. 주문 측은 자사 창고에 부품을 확보할 수 있어 재고도 리드 타임도 제로라고 할 수 있고, 거래처에서도 생산 계획이 제시돼 있기 때문에 부품의 양을 예측하기 쉽고 보관 장소도 제공된다는 점에서 쌍방이 윈-윈하는 방식입니다. 시스템적으로도 큰 변경 없이 사용할 수 있는 편리한 방법입니다.

✿ 다양한 구매 관리 시스템

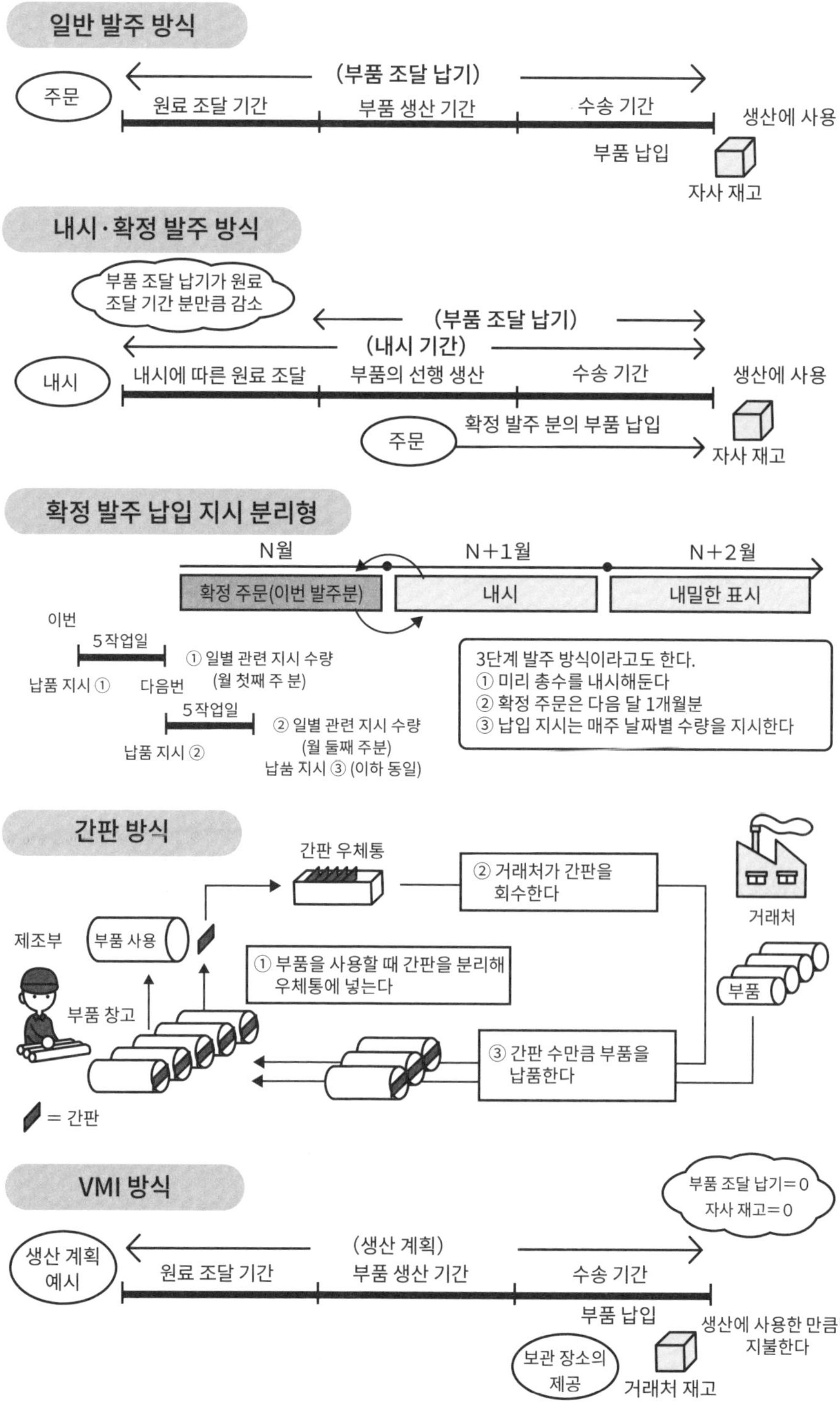

일반 발주 방식

주문 ← (부품 조달 납기) →

원료 조달 기간 │ 부품 생산 기간 │ 수송 기간 → 생산에 사용

부품 납입

자사 재고

내시·확정 발주 방식

부품 조달 납기가 원료 조달 기간 분만큼 감소

← (부품 조달 납기) →

(내시 기간)

내시 │ 내시에 따른 원료 조달 │ 부품의 선행 생산 │ 수송 기간 → 생산에 사용

주문 │ 확정 발주 분의 부품 납입

자사 재고

확정 발주 납입 지시 분리형

N월	N+1월	N+2월
확정 주문(이번 발주분)	내시	내밀한 표시

이번

5작업일

납품 지시 ① │ 다음번

① 일별 관련 지시 수량
(월 첫째 주 분)

5작업일

납품 지시 ②

② 일별 관련 지시 수량
(월 둘째 주분)
납품 지시 ③ (이하 동일)

3단계 발주 방식이라고도 한다.
① 미리 총수를 내시해둔다
② 확정 주문은 다음 달 1개월분
③ 납입 지시는 매주 날짜별 수량을 지시한다

간판 방식

간판 우체통

② 거래처가 간판을 회수한다

거래처

제조부 │ 부품 사용

① 부품을 사용할 때 간판을 분리해 우체통에 넣는다

부품

부품 창고

③ 간판 수만큼 부품을 납품한다

▨ = 간판

VMI 방식

생산 계획 예시 ← (생산 계획) →

원료 조달 기간 │ 부품 생산 기간 │ 수송 기간

부품 조달 납기=0
자사 재고=0

부품 납입

생산에 사용한 만큼만 지불한다

보관 장소의 제공

거래처 재고

3-11 구매 거래를 지지하는 공급자 관리(SRM) 시스템

구매 관리의 추진 방법에 따라 이익도 바뀐다

구매 관리의 진행 방식은 이익에 영향을 줍니다. 제품에 따라 다르지만, 제조 원가에서 차지하는 재료비의 비율은 60~80%로 알려져 있으며, 재료비를 압축할 수 있으면 생산 원가도 압축되고 그만큼 이익이 증가합니다(다음 쪽 첫 번째 그림 참조).

또한 재료가 1개라도 부족하면 생산 활동이 멈춰 버리기 때문에 제때 적당량의 부품을 조달하고 생산을 지원하는 것도 구매 관리의 중요한 역할입니다.

SRM(공급자 관리)

위와 같은 관점에서도 구매 관리는 중요하지만, 이를 실현하기 위해서는 우수한 공급업체와 손잡고 윈-윈 관계에서 거래하는 것이 중요합니다. 이 거래를 지원하는 정보 시스템이 'SRM'(Supplier Relationship Management: 공급업체 관리)입니다(다음 쪽 두 번째 그림 참조). SRM은 '우수 공급업체의 확보', '구입 단가의 저감', '구매 업무 효율의 개선' 등을 목적으로 합니다. 기업이 공급업체와의 관계를 재검토하고 그 관계를 전략적으로 관리하며 이를 통해 설계 개발에서 부품 조달에 이르는 업무 전체를 통합적으로 개선하기 위한 것입니다.

SRM에는 설계 및 개발 업무의 부품 선택 등도 구조 속에 포함돼 있어 설계 부문의 업무도 그 범위에 속한다고 할 수 있습니다. 구체적으로는 조달 품목 및 공급업체 정보 등의 데이터베이스를 개발자가 참고로 하면서 부품을 선택하고 설계를 진행합니다. 이처럼 설계 개발 및 부자재 조달, 나아가 생산 및 제조까지 각 부서에서 관리된 공통의 부품 공급업체 데이터를 사용해 전략적으로 조달 업무를 추진해 통합적인 개선을 함으로써 원가 절감과 수익 창출을 실현할 수 있습니다.

3-10절에서 부품 주문 및 납품 관리, 내시·확정 발주 방식 등의 구조를 설명했지만, 이 구매 관리 구조의 운용 성패는 공급업체의 역량에 크게 의존하기 때문에 그 점에서도 SRM은 중요한 시스템이라고 할 수 있습니다.

✿ 구매 관리가 중요한 이유

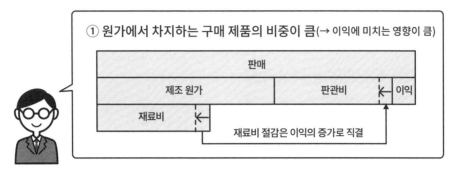

① 원가에서 차지하는 구매 제품의 비중이 큼 (→ 이익에 미치는 영향이 큼)

판매			
제조 원가		판관비	이익
재료비		재료비 절감은 이익의 증가로 직결	

② 생산 활동의 첫 걸음

재료가 확보되지 못하면 생산이 중단된다. 납기 지연 및 품질 불량을
일으키지 않고 제때 적당량의 부품 조달로 생산을 지원하는 것도
구매의 중요한 역할

✿ 공급자 관리(SRM) 시스템의 구조

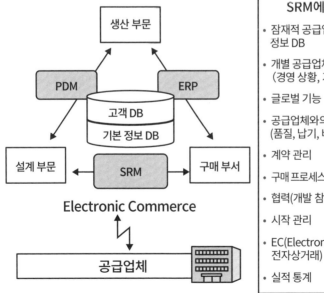

SRM에 요구되는 기능

- 잠재적 공급업체와 그 제품에 대한 정보 DB
- 개별 공급업체에 대한 정보 (경영 상황, 기술 동향 등)
- 글로벌 기능
- 공급업체와의 거래 내역, 성적 정보 (품질, 납기, 비용)
- 계약 관리
- 구매 프로세스 관리(견적, 계약, 주문, ...)
- 협력(개발 참여 등) 추진
- 시작 관리
- EC(Electronic Commerce, 전자상거래)
- 실적 통계

3-12 재고 정보는 생산관리의 핵심 정보

재고 정보는 생산관리의 핵심 정보

재고 정보는 생산관리의 핵심 정보입니다. 재고 없이 물건을 만들 수는 없습니다. 그러나 재고가 너무 많으면 자금 사정을 악화시키고, 반대로 적으면 생산 효율이 저하되거나 판매 기회를 잃게 됩니다(다음 쪽 첫 번째 그림 참조). 각 업무 시스템으로 구성된 생산관리 시스템은 재고 정보를 중심으로 돌아간다고 할 수 있습니다(다음 쪽 페이지 두 번째 그림 참조).

재고 정보를 활용하는 정보 시스템

- **납기 회답 시스템** 다음의 우선순위로 재고를 확인해 납기 응답을 진행합니다. 재고의 유무가 고객 만족도를 크게 좌우합니다.

  - 우선순위 1: 고객의 주문을 만족시킬 수 있는 재고가 있는가?
  - 우선순위 2: 고객의 주문을 만족시킬 예정 재고(발주 잔고)가 있는가?
  - 우선순위 3: 발주하면 언제 납기되는가?

- **MRP 시스템** 기준 생산 계획은 자재 소요량을 세부화하고 필요한 자재의 구매 주문이나 제조 주문 초안을 작성합니다. 자재 소요량 세부화는 '총 소요량→순 소요량→로트 정리→착수일·완료일'의 순으로 이루어지며 재고 정보를 바탕으로 순 소요량을 계산할 때는 다음 식으로 산정합니다.

  순 소요량 = 총 소요량 − (재고 + 예정 재고)

- **WMS 시스템** 재고 수량은 입고 정보를 플러스하고 출고 정보를 마이너스합니다. 입고 정보와 출고 정보에 오류가 있으면 재고 정보의 정확성이 떨어지기 때문에 입력을 철저히 하는 것이 중요합니다.

- **재고 분석 시스템** 재고 금액, 재고 회전율, 재고 회전 기간, 장기 체류 주식, 사장 재고 등을 정기적으로 조사해 재고 상태를 확인합니다.

- **원가 관리 시스템** 재고 정보는 재고 자산으로 원가 계산, 재무 회계, 관리 회계에 활용되는 중요한 정보입니다.

재고 정보는 정보 시스템뿐만 아니라 생산관리 운영의 각처에서 이용됩니다. 그 점에서도 재고 정보는 생산관리의 핵심 정보라고 할 수 있습니다.

✿ 재고 관리의 목적

고객의 요구를 충족시키고 사내 업무 효율성을
유지하는 데 필요한 최소한의 재고를 유지하면서
자금의 효율적 운용을 도모한다.

구체적으로는

• 재고를 적정량으로 유지할 것
• 정확한 재고 기록을 유지할 것
• 재고 자산의 멸실을 방지할 것

재고가 너무 많거나
적어도 비효율적이다

✿ 재고 정보는 생산관리의 핵심 정보

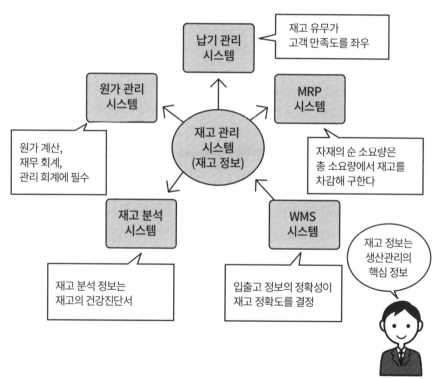

납기 관리
시스템

재고 유무가
고객 만족도를 좌우

원가 관리
시스템

MRP
시스템

재고 관리
시스템
(재고 정보)

원가 계산,
재무 회계,
관리 회계에 필수

자재의 순 소요량은
총 소요량에서 재고를
차감해 구한다

재고 분석
시스템

WMS
시스템

재고 정보는
생산관리의
핵심 정보

재고 분석 정보는
재고의 건강진단서

입출고 정보의 정확성이
재고 정확도를 결정

WMS : Warehouse Management System(창고 관리 시스템)

3-13 생산관리 시스템의 정확도를 높이기 위해서는 재고 정확도를 높인다.

재고 정확도를 높이려면?

재고 정확도는 간단하게 말하면 장부(컴퓨터에 기록된 수량)와 현물의 수량 차이에 의해 결정됩니다. 이 차이가 커서 재고 정확도가 낮으면 생산관리 시스템의 제공 정밀도가 낮아져 자주 수정 작업을 해야 합니다. 수정 작업이 많아지면 아무도 생산관리 시스템을 신뢰하지 않게 됩니다.

높은 재고 정확도를 유지하는 것은 사실 간단합니다. 입고 수량과 출고 수량을 재고 관리 시스템에 정확하게 입력하면 됩니다. 다음 쪽 첫 번째 그림에 나타낸 어느 거점의 재고를 생각해 봅시다. 이 거점의 한 시간 전 재고 수량과 현재의 재고 수량을 식으로 나타내면 다음과 같습니다.

현재 재고 수량 = 한 시간 전 재고 수량 + 한 시간의 입고 총 수량 − 한 시간의 출고 총 수량

이렇게 빠짐없이 입고 정보와 출고 정보를 재고 관리 시스템에 입력해야 하는데, 현실에서는 지키기가 어렵습니다.

다음 쪽 두 번째 그림은 입고 정보와 출고 정보를 보여주지만, 각각 '계획'과 '계획 외'로 나뉘어 있습니다. 일반적으로 계획 외 정보가 계획된 정보보다 시스템의 입력 누락이나 입력 오류를 일으키는 경우가 많은데, 주로 처리가 비정기적이고 귀찮기 때문입니다. 이러한 이유로 높은 재고 정확도를 유지하기 위해서는 계획되지 않은 입출고 정보를 정확하게 입력하는 구조(예를 들어 입·출고 정보를 입력하지 않으면 입·출고를 할 수 없는 등)를 만들어 정보와 실제 수량을 일치시키는 작업의 도입이 중요합니다.

재고 오차는 어떻게 수정할 것인가?

재고 오차는 인벤토리에 의해 수정합니다. 재고 조사에는 ① 일제 재고 조사, ② 순환 재고 조사, ③ 수시 재고 조사의 3가지가 있습니다. 재고 조사에 따라 확인된 재고 오차를 보정하기 위해 현물의 수량에 맞춰 장부를 수정합니다. 현물의 수와 장부의 수량이 정확히 맞는 상태를 '정물 일치'라고 하며, 각 기업은 이것을 목표로 합니다.

✿ 재고는 입출고에 따라 증감한다

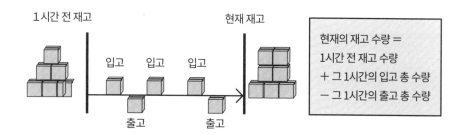

1시간 전 재고　　　　　　현재 재고

입고　입고　입고

출고　　출고

현재의 재고 수량 =
1시간 전 재고 수량
＋ 그 1시간의 입고 총 수량
－ 그 1시간의 출고 총 수량

✿ 입고 정보와 출고 정보란?

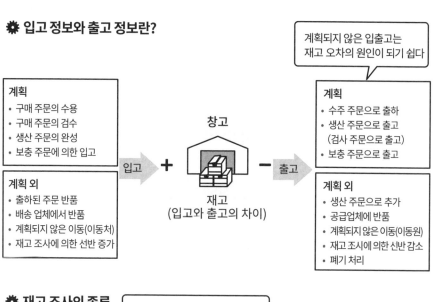

계획되지 않은 입출고는
재고 오차의 원인이 되기 쉽다

계획
- 구매 주문의 수용
- 구매 주문의 검수
- 생산 주문의 완성
- 보충 주문에 의한 입고

계획 외
- 출하된 주문 반품
- 배송 업체에서 반품
- 계획되지 않은 이동(이동처)
- 재고 조사에 의한 선반 증가

입고 ＋

창고

재고
(입고와 출고의 차이)

－ 출고

계획
- 수주 주문으로 출하
- 생산 주문으로 출고
  (검사 주문으로 출고)
- 보충 주문으로 출고

계획 외
- 생산 주문으로 추가
- 공급업체에 반품
- 계획되지 않은 이동(이동원)
- 재고 조시에 의한 신반 감소
- 폐기 처리

✿ 재고 조사의 종류

재고 오차 확인 시 현물 재고
수량에 따라 장부를 수정

① 일제 재고 조사

특정 시기에 모든 재고품 조사를 한 번에 수행

② 순환 재고 조사

특정 품목을 매일 또는 일주일 등의 주기를 정해 재고 조사를 실시

③ 수시 재고 조사

재고가 일정량 이하가 되거나 제로가 된 품목에 대한 재고 조사를 실시
재고 수량이 적기 때문에 작업이 간단하고 계산 실수가 적다.

3-14 ABC 관리로 재고를 효율적으로 줄이다

재고에는 자재와 자산의 두 가지 측면이 있다

재고에는 '자재'와 '자산'이라는 2가지 측면이 있어 각각의 관점으로 관리할 필요가 있습니다(다음 쪽 첫 번째 그림 참조).

우선, '자재'로서 재고를 관리할 때의 포인트는 부품 번호와 수량입니다. 부품 번호와 수량을 관리할 때 중요한 것은, '정물 일치'와 '적정 재고'입니다. 정물 일치란 컴퓨터에 기록된 수량과 실제로 보관된 현물의 수량이 일치하는 것입니다. 또한, 적정 재고는 다양한 변화에 대응하면서 적정 수량을 생산할 수 있는 재고를 확보하는 것입니다.

'자산'으로서의 재고 관리는 금액으로 관리되며, 이때의 포인트는 '자금 흐름(자금 효율)'과 '잉여 재고 금액'입니다. 현금 흐름은 판매 금액에 대한 재고 금액 비율로 평가합니다. 재고 금액의 비율이 낮으면 자금 효율이 높다는 뜻입니다. 잉여 재고 금액이란 잉여 재고를 금액 기반으로 환산한 것으로, 대부분의 경우 적지 않은 금액입니다. 잉여 재고가 줄어들면 그만큼 여분의 재고 유지비도 줄어들기 때문에 결과적으로 회사의 이익 증가로 연결됩니다.

생산관리부를 중심으로 한 현장 사람들은 '자재로서의 재고'를, 경리를 중심으로 한 관리 부문의 사람들은 '자산으로서의 재고'를 취급하는 경우가 많다고 할 수 있습니다.

재무상 재고 관리 포인트는 ABC 관리

ABC 분석은 재고 분석이나 상품 분석 등을 할 때 자주 사용되는 방법입니다. ABC 분석을 할 때는 우선 부품이나 재료마다 단가와 연간 사용 수량을 곱해 연간 사용 금액을 산출합니다. 다음으로, 연간 사용 금액이 큰 순서로 각 부품이나 재료를 나열하고 누계 금액으로 그래프(파레토)를 그립니다(다음 쪽 그래프 참조).

파레토 그림으로 누계 금액이 전체의 85%에 해당되는 사용 금액이 큰 부품이나 재료를 A 아이템, 85% 이상 97% 미만에 포함되는 부품이나 재료를 B 아이템, 나머지를 C 아이템으로 나누면 'A 아이템의 품목 수는 조금', 'C 아이템은 금액적으로는 조금인 3%이지만, 품목 수는 방대하다'는 것을 알 수 있습니다. 따라서 자산으로서의 재고 관리의 기본은 품목 수는 적지만 금액이 큰 A 아이템을 중점적으로 관리하는 것입니다.

구체적으로는 발주 로트나 안전 재고량을 최소화하는 것이 재고 관리의 철칙으로, 이를 '중점 관리'라고 부릅니다. C 아이템은 이와는 반대로, 금액보다 효율성을 중시한 관리를 진행합니다.

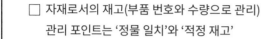

❋ 재고에는 '자재'와 '자산'이라는 2가지 측면이 있다

☐ 자재로서의 재고(부품 번호와 수량으로 관리)
　　관리 포인트는 '정물 일치'와 '적정 재고'

☐ 자산으로서의 재고(금액으로 관리)
　　관리 포인트는 '현금 흐름'과 '잉여 재고 금액'

❋ 파레토도에 의한 ABC 분석

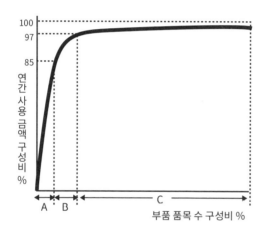

ABC 분류	사용 금액 구성비	품목 수 구성비
A 아이템	85%	5%
B 아이템	12%	15%
C 아이템	3%	80%
합계	100%	100%

분석은 28가지
이론으로도 불린다.

ABC 분석에 의한 중점 관리

ABC 분류	발주 로트	안전 재고	재고 조사 빈도
A 아이템	일주일간	2일	매주(순환 재고)
B 아이템	1개월	일주일간	매월(순환 선반 조사)
C 아이템	3개월	1개월	연 1회

실행 가능한 제조업을 지원하는 생산 스케줄링

제조 부문의 스케줄링과 리드 타임 단축 방법

제조 부문은 제품 생산 주문 및 부품 제조 주문이 대량으로 도착하지만, 주문 그대로의 납기 수량으로 생산하기 위해서는 '스케줄링', '부하 평준화' 등의 작업이 필요합니다. 이러한 작업을 지원하는 정보 시스템이 생산 스케줄링 시스템입니다.

'스케줄링'에서는 개별 생산 주문을 공정으로 구체화하고 전체 공정의 착수 예정일과 완료 예정일을 산정합니다. 스케줄링은 백워드 스케줄링 및 포워드 스케줄링의 2종류가 있습니다(다음 쪽 첫 번째 그림 참조). 백워드 스케줄링 결과, 제조 지시의 발행 예정일이 과거 일이 되거나 포워드 스케줄링 결과 납기가 지연될 경우, 리드 타임의 단축이 필요합니다.

리드 타임을 단축하려면 다음 세 가지 대응책이 있습니다(다음 쪽 두 번째 그림 참조). 대응책 ①은 첫 공정부터 순차적으로 각 공정 사이의 대기 시간을 '최대한 단축'하고 조정하는 방법입니다. 어떤 공정까지 대기 시간을 단축하면 납기에 맞출 수 있는지를 검토합니다. 대응책 ②는 전 공정에서 공정 간 대기 시간을 '동일한 비율로 단축'하고 조정하는 방법입니다. 대응책 ③은 작업 공정을 '오버랩시켜 단축'하는 방법으로 전 공정의 작업이 완료되지 않은 채로 다음 공정의 작업을 시작해서 상당한 기간 단축을 노립니다. 오버랩을 수행하기 위해서는 생산 로트를 분할해 소회전화 혹은 단일화하는 등의 노력이 필요합니다.

공정별 부하 산적을 평준화로 부하 조정

개별 제조 주문의 납기 지연이 해결되면 다음은 공정별 부하 산적을 평준화합니다(다음 쪽 마지막 그림 참조). 부하의 산적은 모든 생산 주문의 부하를 공정별로 쌓는 것으로, 부하가 공정 능력 이상이 되는 경우에는 실행(생산)이 불가능하기 때문에 대책이 필요합니다. 그 대책의 하나가 부하를 분산해 공정 능력을 상회하는 생산 주문을 전후 공정의 일정과 연동시키면서 공정 능력이 가능한 기간으로 앞당겨 조정하는 것입니다.

✿ 백워드 스케줄링과 포워드 스케줄링

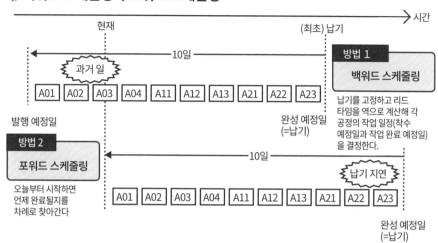

✿ 리드 타임 단축에 대한 대응책

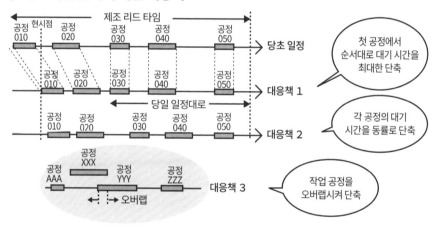

✿ 공정별 쌓기 및 무너뜨리기(공정 부하 평편)에 의한 부하 조정

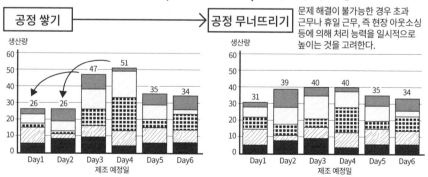

3-16 생산 일정을 관리하는 MES(생산관리 시스템)

생산 전체 공정을 관리하다

'생산관리 시스템'(MES: Manufacturing Execution System)은 제품 생산 현장을 지원하는 시스템입니다.

생산관리 시스템 중에서도 특히 중요한 것이 '공정 진척 관리'입니다. 앞에서 설명한 생산 예약이 끝나면 현장의 각 공정에 작업 지시가 나옵니다. 각 공정의 작업자는 작업 지시서('작업 준비서'라고도 한다)에 따라 작업을 진행하며, 작업 지시 단위로 실적을 보고합니다. 이전에는 종이 전표에 의한 보고였지만, 최근에는 IT를 활용한 보고가 실시간으로 이루어지고 작업 지연에 대한 대책도 적시에 행해지고 있습니다. 다음 쪽 두 번째 그림의 '공정 3'에 작업 보고서 샘플이 있습니다. 보고 데이터는 계획 대비 실적으로 차이를 한눈에 확인할 수 있습니다. 진척 관리에 포함시켜야 할 중요한 기능은 업스트림 관리입니다. 출하 단계에서는 납기 지연이나 수량 부족을 알아도 늦기 때문에 업스트림인 제조 공정 단계에서 진척도를 확인해 납기 지연이나 수량 부족의 징조가 보인다면 곧바로 대책을 강구하는 것이 중요합니다.

진척 상태 데이터를 수집할 때의 포인트

공정 진척 관리를 효과적으로 수행하려면 정보 수집이 필요하며 언제, 어떠한 정보를 수집할지에 주의해야 합니다.

정보 수집 시점은 공정 진척을 크게 좌우하는 다음 5가지 포인트가 중요합니다.

1. 부품표의 계층이 변경되는 시점
2. 제품 수율이 생성되는 공정 시점
3. 장기 공정의 도달 및 완료 시점
4. 다음 공정이 분기 또는 합류하는 시점
5. 제품의 부가가치 및 사양이 크게 바뀌는 시점

다음으로 수집해야 할 정보의 종류는 공정 진척에 이상이 생겼을 때 이유를 분석하는 데 필요한 정보로, 다음의 2가지를 들 수 있습니다.

- 각 공정의 정보로서 '수량', '수율', '작업 개시', '작업 종료'의 4종류
- 운송 시스템에서는 '적재', '출발', '도착', '하적'의 4종류

모두 공정 진행에 이상이 생겼을 때의 원인 분석에 필요한 정보입니다. 정보 수집 시에는 (1) 정보는 가능한 한 기존 정보를 활용하고 (2) 정물 일치(물건의 움직임과 정보를 일치시키는 것)가 포인트입니다.

✿ 공정 진척 관리의 목표는 업스트림 관리

✿ 수집해야 할 정보의 종류(공정 진척 관련)

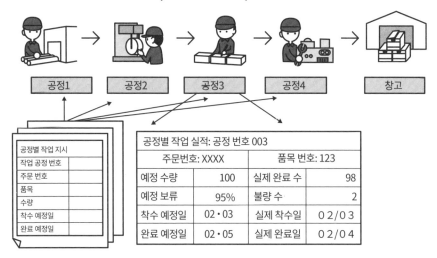

공정별 작업 실적: 공정 번호 003			
주문번호: XXXX		품목 번호: 123	
예정 수량	100	실제 완료 수	98
예정 보류	95%	불량 수	2
착수 예정일	02·03	실제 착수일	02/03
완료 예정일	02·05	실제 완료일	02/04

✿ 정보 수집 시 주의점

- 가능한 한 기존 정보를 활용한다
- 물건의 움직임과 정보를 일치시킨다

3-17 간판 방식에 의한 제조 관리 시스템

간판 방식이란?

간판 방식은 1-10절과 3-10절에서도 소개했지만, 이번에는 제조 공정 적용 사례로 설명합니다. 간판 방식은 토요타 자동차의 시스템으로 유명합니다. 그것은 '간판'이라고 불리는 카드나 장표를 물건과 함께 이동시키는 방법을 말합니다. 구체적으로는 간판에 의해서 '무엇이, 언제, 몇 개, 어디에' 필요한지 후속 공정에서의 작업 수요를 전 공정에 알립니다. 이 정보에 근거해 전 공정이 후속 공정에 필요한 것을 필요한 만큼만 만들어 보내는 구조입니다(다음 쪽 첫 번째 그림 참조).

'소비한 만큼 인수한다', '불필요한 것은 인수하지 않는다'라는 것이 간판 방식의 기본 기능입니다. 최근에는 거리가 멀리 떨어진 공장이나 외주 기업과의 사이에서는 현물 간판이 아닌 디지털 간판을 사용합니다.

생산 지시 간판과 인수 간판

간판에는 기계 및 가공 라인에서 생산 지시 역할을 수행하는 '생산 지시 간판'과 생산 부재 적치장에서 생산 부재를 인수하는 '인수 간판'이 있습니다. 다음 쪽 두 번째 그림을 참조하면서 간판의 움직임과 역할을 확인해 봅시다.

1. 최종 조립 라인에서 사용되는 생산 부재 적치장 II에 놓여있는 가공품에는 '인출 간판'이라고 불리는 간판이 붙어 있습니다. 여기에 놓인 생산 부재가 사용될 때는 간판을 떼어내고 생산 부재만 최종 조립 라인에 출고됩니다.

2. 생산 부재 적치장 II에서 떼어낸 인수 간판은 정리해서 생산 부재 적치장 I로 반납됩니다.

3. 생산 부재 적치장 I에서는 인수 간판의 수만큼 생산 부재를 생산 부재 적치장 II로 이동시킵니다. 이때, 지금까지 붙어있던 생산 지시 간판을 떼어내고 인수 간판으로 바꿔 붙입니다. 따라서 생산 부재 적치장 I에서 생산 부재 적치장 II로 이동하는 생산 부재에는 인수 간판이 붙어있게 됩니다.

4. 생산 부재 적치장 I에서 떼어낸 생산 지시 간판은 기계 및 가공 라인에 반납됩니다. 기계 및 가공 라인에서는 반납된 생산 지시 간판 수만큼 생산을 진행합니다. 생산이 끝나면 생산 지시 간판을 붙여 생산 부재 적치장에 입고합니다.

간판 방식 도입의 전제 조건

간판 방식의 도입은 하루아침에 가능한 것이 아니라 '생산의 평준화', '작업의 표준화', '단계 단축', '불량률 저감'이라는 많은 전제 조건을 사전에 명확히 해야 합니다. 이러한 개선 활동의 축적이 있어야만 이 방식을 도입할 수 있다는 사실을 인식해야 합니다.

✿ 간판 방식의 특징

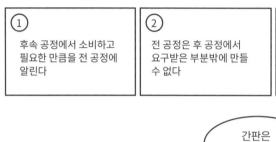

① 후속 공정에서 소비하고 필요한 만큼을 전 공정에 알린다	② 전 공정은 후 공정에서 요구받은 부분밖에 만들 수 없다	③ 후속 공정에서 전 공정에 대한 요구를 전달하는 정보 매체가 '간판'이다

간판은 간판 포스트에

✿ 생산 지시 간판과 인수 간판

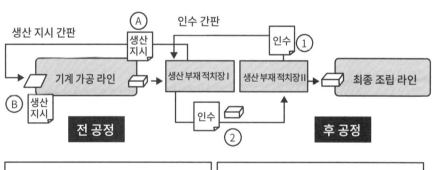

생산 지시 간판	인수 간판
Ⓐ 생산 부재가 사용되면 간판을 분리	① 생산 부재가 사용된 간판을 분리
Ⓑ 분리된 간판만큼 시작하기	② 사용된 간판만큼 전 공정에서 인수

3-18 물류의 '품목 번호'가 소모적인 물류를 제거

4종류의 물류

공장에서 만들어진 제품을 고객에게 전달하기까지 물류는 필수적입니다. 물류는 ① 조달 물류, ② 생산 물류, ③ 판매 물류, ④ 회수 물류의 4가지로 나눌 수 있습니다.

①②③은 물건이 생산되어 시장에 흘러가는 공급망의 흐름으로, 이것을 사람의 혈류에 비유해 '동맥 물류'라고 합니다. 역으로 제조 측에 돌아오는 ④는 '정맥 물류'라고 합니다. 본래 있어야 할 물류는 흐름이 멈추거나 돌아오지 않고 목적지를 향해 낭비 없이 효율적으로 흐르는 상태입니다.

팔다 남은 물건을 보관하거나 이동시키는 낭비

판매 거점의 재고 준비는 판매 부문이 수행합니다. 판매 부문이 중시하는 것은 고객의 주문에 대해 결품을 내지 않는 것입니다. 결품은 고객의 신뢰를 잃고 매출을 떨어뜨리는 원인이 되기 때문입니다. 결품을 방지하기 위해 판매 부문은 실수요자 주문(고객 주문) 이상으로 재고를 준비하는 경향이 있고, 이것이 팔다 남은 상품이 생기는 원인이 됩니다.

팔리지 않으면 바로 폐기 처분할 수 없기 때문에 보관하거나 다른 장소로 옮기게 됩니다. 그렇게 되면 이익이 없는 물류 낭비로 이어집니다(다음 쪽 첫 번째 그림 참조).

물류 '가시화'

각 물류 거점이나 운송 중 재고 정보를 얻을 수 없거나 정보가 부정확한 경우에도 물류의 낭비가 생겨납니다. 필요한 정보를 파악하고 있지 않은 상태에서 물건을 이동시키면 물건을 엉뚱한 장소로 옮겨버리거나 운반 수량을 잘못 파악하게 되어 오류가 발생하고 결과적으로 물류 낭비로 이어집니다.

물류 낭비를 피하려면 각 물류 거점이나 수송 중의 재고 정보를 정확하게 파악해야 합니다. 이것을 '물류 가시화'라고 합니다(다음 쪽 두 번째 그림 참조). 이상적인 물류란 고객이나 시장의 요구에 따라 '물건을 요구받았을 때 요구한 양만큼 요구한 장소로 옮기는 것'입니다. 이를 지원하기 위해서 '창고 관리 시스템'(WMS: Warehouse Management System)이나 '수송 관리 시스템'(TMS: Transport Management System) 등의 IT 기술을 활용하는 것이 중요합니다(3-19
절 참조).

✿ 제품이 팔리지 않으면 물류에 낭비가 생긴다

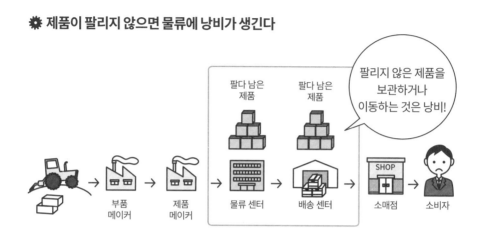

✿ 물류와 재고가 보이지 않으면 낭비가 생긴다

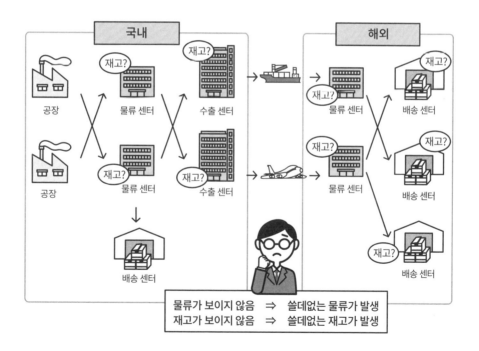

3-19 창고 관리 시스템과 운송 관리 시스템

노드(물류 거점)와 링크(수송 수단)

물류는 재고를 가지는 '노드'(물류 거점)와 각각의 물류 거점을 연결하는 '링크'(수송 수단)로 나뉩니다(다음 쪽 첫 번째 그림 참조). 노드에는 생산 거점이 되는 공장이나 물류 거점인 물류 센터, 배송 센터 등이 있습니다. 노드 간을 잇는 수송 수단을 링크라고 하며 트럭, 철도, 해상 수송, 항공 수송 등 수단은 다양합니다. 물류 최적화를 생각한다면 관계되는 모든 노드와 링크를 포함해 전체 최적화를 추진할 필요가 있습니다.

WMS(창고 관리 시스템)와 TMS(수송 관리 시스템)

대표적인 물류 시스템에는 ① 노드를 효율적으로 움직여 정보나 데이터를 취득해 다른 시스템과의 교환을 지원하는 WMS(창고 관리 시스템)와 ② 링크 수송 최적화를 위해 정보나 데이터를 취득해 다른 시스템과 교환하기 위한 TMS(수송 관리 시스템)의 2개가 있습니다(다음 쪽 두 번째 그림 참조).

① WMS(창고 관리 시스템)는 주로 창고에 대한 물품 입고, 재고 관리, 물품 출고 등의 업무 및 최적화를 지원합니다. 입고된 수하물은 WMS에 입력되어 창고 내 선반의 재고 정보를 갱신합니다. 출하 지시가 오면 WMS로 출하해야 할 짐을 확보하고 출하 작업에 필요한 출하 지시서를 WMS로부터 발행합니다. 출하 담당자는 이 지시서를 기초로 출하를 진행한 후 그 정보를 WMS에 전달해 출하 단계를 갱신합니다. WMS에서는 현재 재고 정보를 파악할 수 있고 창고 내 작업 지시도 WMS를 통해 체계적으로 실시할 수 있습니다.

한편, ② TMS(수송 관리 시스템)는 수송 중의 화물 상황을 파악하는 트래킹 기능과 최적의 수송 루트 및 수단을 선택하는 디스패치 기능이 있습니다. 최근 TMS와 GPS(Global Positioning System) 적용을 통해 차량 위치 정보를 알게 되어 지금까지 이상으로 최적 배차, 고객처 물류 서비스 향상, 에너지 절약 등이 가능해졌습니다.

❋ 물류 거점(노드)과 수송 수단(링크) 관계의 예

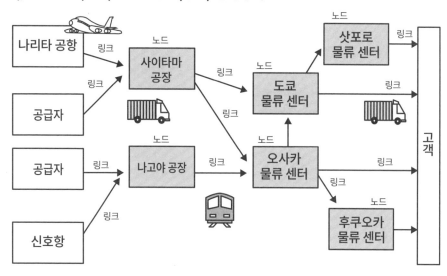

❋ 창고 관리 시스템(WMS)과 수송 관리 시스템(TMS)

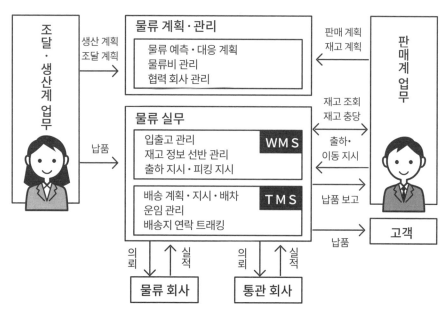

WMS: Warehouse Management System
TMS: Transport Management System

공장 물류는 IoT의 또 다른 개척지

'자동 운전'을 향한 기술 개발이 급속히 진행되면서 '부분 자동 운전 기능'을 하는 2단계에서 '조건부 자동 운전 기능'을 할 수 있는 3단계로의 고도화 과정에서 관련 회사들이 치열하게 경쟁하고 있습니다. 골프를 좋아하는 사람은 골프장에서의 카트 자동 운전을 출발점으로 생각할 수 있겠지만, 공장 안에서 가동하는 물류용 무인 반송차는 수십 년 전부터 자동으로 운전되고 있었습니다.

당시에는 설치된 레일 위를 달리는 것만 있었지만, 사람이나 장애물을 감지하는 센서가 달려 있었고 제어 방식에 따라 노선 사용의 우선순위나 위치 정보도 관리할 수 있었습니다. 최첨단 자동 운전에 필요한 요소 기술 몇 가지는 이미 개발돼 적용하고 있었습니다.

마찬가지로 자주 이용하는 슈퍼나 편의점의 'POS(Point of Sales) 시스템'도 수십 년 전의 공장 물류를 기원으로 볼 수 있습니다. 공장 내외에서 사용하는 부품함에는 바코드 라벨이 부착돼 공장으로의 입·출하, 창고로의 입·출고 포인트로 실적 관리에 활용하고 있었습니다.

이외에도 대형 자동 창고와 고속 자동화 컨베이어 시스템 등이 택배 시스템으로 사용된다는 것은 이미 널리 알려진 사실입니다. 또 트럭 위치 정보나 적하 상태 등의 정보를 활용한 항공, 트럭 셰어링 시스템도 교통량 축소 및 트럭 운전자 부족 해소에 크게 기여하고 있습니다.

무선 조종 비행기나 드론을 사용한 무인 고속 배달 서비스의 테스트 비행도 실용화 실험을 진행하는 등 앞으로 사회에 큰 영향을 줄 수 있는 기술 개발이 물류 분야에서 진행 중입니다.

IoT 기술 발전과 물류 분야는 밀접한 관계가 있으며, 물류는 IoT의 주요 개척자입니다. 공장은 제품을 생산하는 곳으로, 물류가 주역은 아니지만 IoT 발전의 역사에서는 중요한 주역으로 볼 수 있지 않을까요?

타케우치 요시히사(竹内芳久)

04장

제조업을 지원하는
주요 기능과
최근 글로벌 동향

4-1 공장의 가장 중요한 기능 '안전 관리'

안전을 위한 기술의 진화

공장의 중요한 관리를 QCD 관리라고 하지만(1-1절 참조), 실제로는 안전 관리(S: Safety)가 최우선 과제입니다. 이것을 'SQCD'라고 나타내기도 합니다. 안전 관리를 철저히 하는 것은 공장 관리자의 우선 과제이며 사회적 책임입니다.

안전 확보에 있어 장치나 설비와의 관계는 밀접합니다. 예를 들면, 수십 년 전의 프레스기는 손 끼임 방지를 위해 양손 누름 버튼을 의무화했지만, 광전관을 사용한 에어리어 센서가 나온 후부터는 기계에 손이 들어간 순간 곧바로 인식해 정지하는 시스템으로 전환하고 있습니다. 에어리어 센서는 출입 금지 지역 설치 등 활용 범위가 넓어져 지금은 보편적으로 사용합니다.

장치나 설비에도 이상을 사전에 예지하는 시스템이 증가하고 있습니다. 예를 들면, 종래부터 있던 기름, 공기, 물의 유량 및 압력 감시에 더해 이전에는 블랙박스였던 설비 내의 연소나 화학 반응의 상태를 화상 처리로 '품목 코드화'하거나 이상음 및 진동을 파악하는 센서를 설치한 설비도 개발되고 있습니다. 또한, 센서로 사람이나 장애물을 인지하거나 위험을 느끼면 자동 정지하는 기능이 있는 무인 반송차 등 IT 기기는 공장의 안전 분야에서도 중요한 역할을 하고 있습니다.

안전 관련 정보 공유

공장에서의 안전 활동은 모든 구성원이 참여하는 형태여야 합니다. 안전에 관한 모든 정보의 축적 및 공유화도 안전 활동의 중요한 기능이며, 이 분야에도 물론 IT가 사용됩니다. 공장 내에서는 실제로 일어난 큰 재해 사례는 물론이고 '개인적인 실수 메모'(개인의 뚜렷한 실수 경험을 기록한 메모)를 남기는 등 충실한 대책도 함께 실행되고 있습니다. 이러한 공장의 방대한 정보를 데이터화하고 축적 및 활용해 나갈 때도 데이터베이스 기술이나 검색 기술이 도움이 됩니다.

또한, 글로벌 사업장을 추진하는 공장 등에서는 재해 사례나 안전 면에서의 중요한 알람을 얼마나 빨리 통보하는지도 중요한 기능이며, 인터넷이나 인트라넷의 활용을 통해 짧은 시간 안에 정보를 공유할 수 있게 됐습니다.

❋ 안전 관리는 공장 업무의 최우선 과제

자동 정지 기능이 있는
무인 반송차

안전제일

에이리어 센서

설비 내 '가시화'

❋ 안전 관리 데이터베이스의 예

피해 사례 DB

알람(경고) DB

잠재 오류 메모 DB

안전 회의 안건 DB

4-2 | 고객 요구에 맞는 품질 개선 활동 수행하기

항상 안정된 품질로 만들다

항상 안정된 품질을 보증하기 위해서는 일부 장애가 발생하더라도 품질 기준을 떨어뜨리지 않는 것이 중요합니다.

다음 쪽의 첫 번째 그래프는 품질 검사의 결괏값이 모두 기준치 허용 범위 내에 있는 지극히 안정된 품질임을 보여줍니다. 반대로, 그 아래 그래프는 중심점이 왼쪽으로 어긋나 있으며, 검사 결과의 일부만 허용 범위 내에 들어가는 나쁜 사례입니다. 이러한 정보로 일상 업무 속에서 품질 상태를 감시해 중심점이 허용 오차의 중앙에 걸리지 않거나 검사 결과의 폭 '시그마(σ)'(표준 편차, 데이터의 불균형 합계를 나타내는 수치)가 확산됐을 경우에는 그 원인을 분석하고 개선해 안정된 품질을 보증합니다.

품질 개선을 지속한다

품질 유지 활동을 통해 안정적인 품질이 유지된다고 해도 고객으로부터의 품질 기준 인상 요구가 있으면 그에 대응해야 하며, 품질 비용이라는 품질 보증이나 품질 관리와 관련된 비용의 지속적인 절감이 요구됩니다. 불량품을 만드는 것은 낭비이며, 검사나 품질 관리를 위한 비용 역시 직접적으로 부가가치를 낳는 비용으로 간주하지 않는 경우가 적지 않기 때문입니다.

그러기 위해서는 품질 개선 활동을 통해 업무 개선의 실시, 설비나 치공구(불량을 줄이기 위한 공구)의 개량 등 생산라인 하드웨어에 의한 개선활동과 함께 파레토도[5], 히스토그램[6], 특성 요인도 등으로 대표되는 'QC7 도구'라 불리는 문제 분석 툴이나 통계 처리 시스템의 사용도 중요한 활동이 됩니다. 또한, 생산 설비 등에서 수집되는 품질 정보나 설비 가동 정보 등의 빅데이터를 이용해 AI에 의한 품질 개선 작업의 효율화나 속도 개선도 진행합니다.

신규 목표 달성이 실현된 이후에도 다시 품질 유지 활동을 시작해 불균형을 관리하면서 일상 업무 안에서 품질의 안정화를 도모하는 지속적인 유지 활동을 실시합니다.

---

5 파레토도(Pareto Chart) _ 파레토 또는 파레토 차트는 자료가 어떤 범주에 속하는가를 나타내는 계수형 자료일 때 각 범주에 대한 빈도를 막대의 높이로 나타낸 그림을 말한다.

6 히스토그램(Histogram) _ 표로 된 도수 분포를 정보 그림으로 나타낸 것이다. 더 간단하게 말하면 도수 분포표를 그래프로 나타낸 것.

❋ 품질의 불균형을 판단해 관리한다

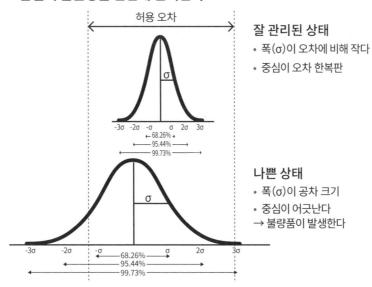

❋ QC7 도구

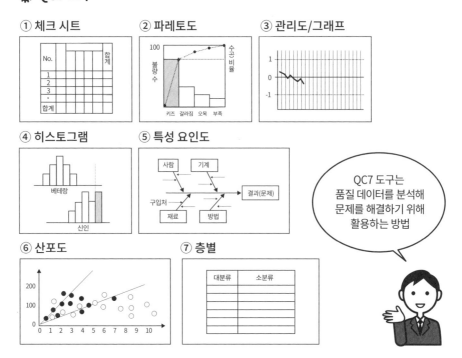

4-3 품질을 검사하는 구조와 추적 능력(traceability)

검사의 종류와 AI의 활용

매일 품질 관리에 최선을 다한다는 생각으로 공들여 품질을 확인하는 작업이 '검사 업무'입니다. 검사에는 크게 '방식별', '목적별', '특성별' 검사의 3종류가 있고 각 종류는 더 세분화됩니다(다음 쪽 첫 번째 그림 참조).

특성 검사로 분류되는 '관능 검사'는 목시 검사와 같이 인간의 오감을 사용하는 검사로 냄새나 맛, 색조나 섬세한 벗겨짐, 왜곡 등 기계 판별이 어려운 항목을 체크합니다. 과거에는 인간의 체크가 필요한 부분이었지만, 최근에는 AI 등을 활용한 자동화가 진행되고 있습니다. AI나 이미지 분석 기술이 급속히 발전해 개와 고양이의 품종을 즉시 판별하고 여권의 본인 확인도 가능해졌습니다. 검사 영역에서도 이러한 기술로 목시 검사의 자동화가 가능해졌습니다.

인간의 경우에는 숙련자와 초심자의 검사 정밀도에 차이가 있으며, 장시간의 작업은 눈에 부담이 되는 등의 과제가 있었습니다. 이러한 과제를 AI를 이용함으로써 해결한다고 알려져 있는데, 실제로는 어떨까요? 초기 불량의 경우, 빅데이터는커녕 불량 샘플조차 없기 때문에 머신러닝이 그 위력을 발휘할 수 없습니다. 이런 점에서 인간에게는 '위화감'이라는 특기가 있어 처음에 인지되는 불량에 대해서도 '뭔가 이상하다'고 깨닫는 능력이 있습니다. 이렇게 인간과 AI의 콜라보레이션이 중요하다고 할 수 있습니다.

추적성으로 불량품의 원인을 특정

대형 슈퍼나 고깃집에 가면 이 쇠고기는 "어느 지역 ○○씨가 기른 쇠고기입니다."라는 표시를 볼 수 있습니다. 어떤 경로로 이 가게에 왔는지 물품의 출처를 밝혀 소비자를 안심시키려는 시도입니다.

이런 물류의 이력 관리 기법을 제조업에 응용해 '원재료의 조달→부품의 가공·조립→최종 제품의 납품→폐기'의 일련의 흐름을 주로 품질의 관점에서 체계적으로 관리하는 구조가 '추적성(traceability)'입니다. 불량품이 발생할 경우, 재빨리 그 원인이 된 부품이나 프로세스를 확인할 수 있기 때문에 영향 범위를 세부 포인트로 특정해 고객의 피해를 최소한으로 막을 수 있습니다.

✿ 품질 검사의 종류

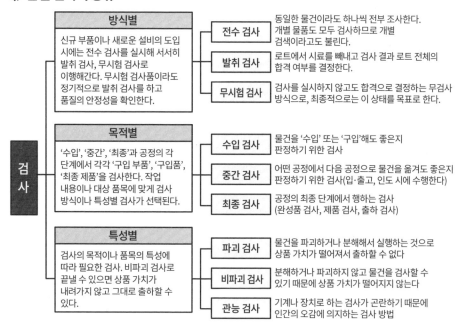

검사

방식별

신규 부품이나 새로운 설비의 도입 시에는 전수 검사를 실시해 서서히 발취 검사, 무시험 검사로 이행해간다. 무시험 검사품이라도 정기적으로 발취 검사를 하고 품질의 안정성을 확인한다.

전수 검사 — 동일한 물건이라도 하나씩 전부 조사한다. 개별 물품도 모두 검사하므로 개별 검색이라고도 불린다.

발취 검사 — 로트에서 시료를 빼고 검사 결과 로트 전체의 합격 여부를 결정한다.

무시험 검사 — 검사를 실시하지 않고도 합격으로 결정하는 무검사 방식으로, 최종적으로는 이 상태를 목표로 한다.

목적별

'수입', '중간', '최종'과 공정의 각 단계에서 각각 '구입 부품', '구입품', '최종 제품'을 검사한다. 작업 내용이나 대상 품목에 맞게 검사 방식이나 특성별 검사가 선택된다.

수입 검사 — 물건을 '수입' 또는 '구입'해도 좋은지 판정하기 위한 검사

중간 검사 — 어떤 공정에서 다음 공정으로 물건을 옮겨도 좋은지 판정하기 위한 검사(입·출고, 인도 시에 수행한다)

최종 검사 — 공정의 최종 단계에서 행하는 검사 (완성품 검사, 제품 검사, 출하 검사)

특성별

검사의 목적이나 품목의 특성에 따라 필요한 검사. 비파괴 검사로 끝낼 수 있으면 상품 가치가 내려가지 않고 그대로 출하할 수 있다.

파괴 검사 — 물건을 파괴하거나 분해해서 실행하는 것으로 상품 가치가 떨어져서 출하할 수 없다

비파괴 검사 — 분해하거나 파괴하지 않고 물건을 검사할 수 있기 때문에 상품 가치가 떨어지지 않는다

관능 검사 — 기계나 장치로 하는 검사가 곤란하기 때문에 인간의 오감에 의지하는 검사 방법

✿ 각 부문의 불량 정보를 공유한다

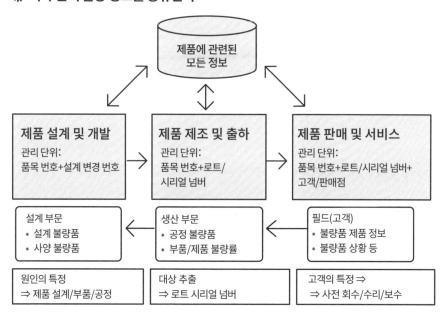

제품에 관련된 모든 정보

제품 설계 및 개발
관리 단위:
품목 번호+설계 변경 번호

제품 제조 및 출하
관리 단위:
품목 번호+로트/시리얼 넘버

제품 판매 및 서비스
관리 단위:
품목 번호+로트/시리얼 넘버+고객/판매점

설계 부문
• 설계 불량품
• 사양 불량품

생산 부문
• 공정 불량품
• 부품/제품 불량률

필드(고객)
• 불량품 제품 정보
• 불량품 상황 등

원인의 특정
⇒ 제품 설계/부품/공정

대상 추출
⇒ 로트 시리얼 넘버

고객의 특정 ⇒
⇒ 사전 회수/수리/보수

4-4 원가 계산의 새로운 역할과 IoT를 통한 정밀도 향상

원가 계산의 새로운 역할

제조업 경영에서는 '제품 수익 창출'과 '재고 자산의 현금 흐름 개선' 등이 재무 관점에서의 목표이며, 원가 계산 과정을 통해 가시화해야 합니다.

원가 계산의 목적은 1960년대에 원가 계산 기준이 제정된 이후 변경되지 않았지만, 오늘날의 스피드 경영, 글로벌 경영의 관점에서 보면 새로운 과제가 나타나고 있습니다(다음 쪽 첫 번째 그림 참조). 이 과제의 해결에는 IoT가 크게 공헌하고 있으며, 그 효과로 다음 4가지를 들 수 있습니다.

1. 회계 연계에서는 '이익'과 함께 재고 자산의 회전율 향상을 지향하며 제품 단위의 이익과 병행해 현금 흐름의 가시화를 진행합니다. 공장에서 재료, 재공품, 제품의 재고 관리에 바코드 및 자동 입력을 보급해 수동 입력 시점에 비해 비약적인 정밀도 향상을 이뤘습니다.

2. 원가 계산 시간을 단축할 수 있게 되어 결산 일정도 단축됐습니다. 제품 거래량에 있어 BOM에서 생산 자원 투입량을 역 전개할 수 있는 구조를 보급한 것이나 현장의 가공 실적과 활동 시간을 온라인 또는 짧은 사이클로 자동 수집하는 대응이 진행된 것 등이 크게 기여했습니다.

3. 표준 원가와 실제 원가와의 차이를 원가 차이로 해서 부문별로 가시화하고 원인을 추구하는 공장 책임 회계 정밀도가 향상되고 있습니다. 일간 환율 변동 및 시황 변동을 도입하거나 현장의 발생 비용을 세세한 범위에서 수집할 수 있게 됐습니다.

4. KPI(관리 지표)의 설정과 산출에 있어서 대량의 데이터를 고속으로 처리할 수 있게 되고 KPI의 정확도가 향상돼 지표에 따라서는 매일 PDCA 사이클을 돌릴 수 있게 됐습니다.

IoT로 원가 계산 정확성이 향상

ABC 원가 계산(Activity Based Costing: 활동 기준 원가 계산)은 각 제품의 생산 작업자 및 설비가 소비한 시간을 정확히 파악하는 것이 필요합니다. 최근 작업자나 설비의 상태를 파악하는 센서와 장비가 개발돼 사람과 작업 시간의 상세한 파악 및 분석을 시행하는 소프트웨어도 충실해졌습니다. 또한 지금까지 수도, 전기, 기름 등의 사용량은 전체 영역에서만 파악됐지만, 센서, 측정기의 설치에 의해 라인 단위 설비별로 파악할 수 있게 됐습니다.

✿ 원가 계산의 역할 및 프로세스의 진화

원가 계산 기준 제정 시 목적	오늘의 새로운 과제	원가 계산 과정의 혁신 동향
① 재무제표로의 제조 원가 연계	결산 일정 단축	• BOM 전개로 원가 계산 고속화 • IoT로 제조 활동 정보 적시 수집
	연결 원가 가시화	RPA로 기업 간 정보 연결 적시화
	이전 가격 세제, 관세 대응	• 연결 원가 부가가치 계산
② 제품 가격 결정 근거 제공	원가 기획의 원가 정보 활용 유효화	• 활동별 원가 인식/측정 • IoT에서 정밀한 활동 정보 수집
③ 생산 능률 향상	활동 단위의 원가 측정	• 제조 활동 정의와 원가 측정 • MES/IoT 활동 속도 측정 • 표준 원가 계산 정착
	시간당 이익 평가	
	원가 차이의 가시화와 관할 부문 책임 명확화	
④ 차기 제조 예산 책정 지원	사업 환경 변화에 대한 원가 예측	• 표준 원가 계산 활용 • 직접 원가 계산 활용 • 환경 변혁에 대한 원가 예측
⑤ 생산 의사결정 지원	사업 환경 요소 변혁에 대한 KPI 사전 평가 • 설비 투자 결정 • 생산 거점, 조달처 결정 • 외부 제조 VS 자체 제조 선택 • 환율 변동, 시황 변동	• KPI에 의한 생산 프로세스 구조화 • 생산 혁신 효과 사전 평가

✿ 제조로 본 원가 데이터의 수집 범위

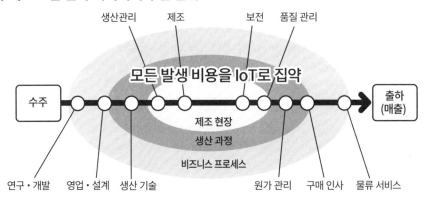

04장 _ 제조업을 지원하는 주요 기능과 최근 글로벌 동향 | 113

4-5 원가 관리 시스템으로 원가 정보 활용

원가 정보를 공장에서 활용

이익 및 현금 흐름 등이 포함되는 원가 정보를 공장에서는 다음과 같이 활용합니다.

(1) 생산 실적 개선 활동

원가 관리를 통해 원가를 낮추는 활동을 계획적이고 체계적으로 진행할 수 있습니다. 구체적 내용은 '원료 및 부품을 어떻게 하면 싸게 매입할까', '공장에서 어떻게 하면 효율적으로 작업할 것인가' 등입니다. 또한 관리 비용 특성이 매우 다양해서 IT의 도움이 필수적입니다.

(2) 원가 개선 활동

원가 개선 활동에서 중요한 것은 각 부문이 제역할을 확실히 수행하는 것입니다. 그리고 항상 개선을 위해 새로운 장치를 시도하고 끊임없이 고민하는 것이 중요합니다. 원가 관리 개선 활동은 시기에 따라 다음 두 가지로 나뉩니다.

> ① 매년 진행하는 통상 활동 연초에 이익 계획과 연동시키면서 원가 목표 및 원가 개선 계획을 수립하고 1년간 개선하는 활동.

> ② 신제품 개발 시 활동 신제품을 개발할 때 앞으로 개발할 제품의 목표가 되는 원가를 결정하고 그를 실현하기 위해 수행하는 원가 개선 활동.

원가 관리 시스템은 변화에 대한 의사결정에 활용

원가 정보는 다음과 같은 경영과 생산의 중요한 의사결정 시에도 활용되며, IoT의 발전은 의사결정의 신속화와 정밀도 향상을 지원합니다.

(1) 생산 거점 변경에 대한 의사결정

수정 시 거점의 생산 원가, 생산 현금 흐름과 환율 변동에 의한 구매 등 판매 가격에 미치는 영향을 평가해야 합니다.

(2) 구매처 결정

환율 변동과 특혜 관세 효과에 의한 구매 원가 변동의 유·불리, 공급망 환경 변화에 따른 납품 리드 타임 단축을 통한 재고 현금 흐름 증가 효과 등이 구매 전략의 의사 결정에 큰 영향을 미칩니다.

(3) 원재료 가격 상승은 제조업 경영의 생존 과제

제조업은 일반적으로 원료 생산 원가에 대한 비중이 크기 때문에 가격 변동 요인을 빨리 파악하고 구매 전략의 위험회피 효과를 시뮬레이션할 필요가 있습니다.

(4) 설비 투자 결정

투자 안건에 대해 투자 대비 현금 흐름, 회수 수익률과 안전성, 수익의 자본 비용과의 비교 등에 대해 정량적으로 측정할 수 있어야 합니다.

✿ 이익 및 캐시 플로우 계산(예)

(백만 엔)	항목		계획	실적	차이
이익 계산	매상		200	190	- 10
		재료비	80	76	- 4
		노무비	30	20	- 10
		외주비	15	5	- 10
		물류비	10	5	- 5
		제조 고정비	50	40	- 10
	전부 원가 합계		185	146	- 39
	총 이익		15	44	+29
현금 흐름 (캐시 플로우) 계산		제품 재고	20일	16일	- 4일
		매입 재고	10일	8일	- 2일
		재료 재고	60일	30일	- 30일
	캐시 증감		—	—	+25
생산 정보	설비 가동률		70%	85%	+15%
	제품 보류율		89%	92%	+3%

✿ 의사결정의 철칙

수익 증가 전망이 원가 증가 가능성을 웃돌 것이라는 것이 의사결정의 철칙

원가 증가

이익 증가

⁴·6 ERP는 공장의 전체 업무를 지원하는 핵심 정보 시스템

ERP란 무엇인가?

'ERP: Enterprise Resource Planning'는 '기업 전체의 경영 자원이 유효한지 확인하고 종합적인 계획 및 관리를 통해 경영 효율화를 도모하기 위한 방법과 개념'을 의미합니다. 이 개념을 실현하는 종합적인 패키지 소프트웨어를 'ERP 패키지(줄여서 ERP)'라고 합니다. ERP는 '판매·물류·재고 관리, 생산관리 및 구매 관리, 관리 회계와 재무 회계, 인사 관리' 등 종합적이고 전체적인 업무를 다룹니다. 또한 기업 간 공급망 관리 및 글로벌 지원 기능도 제공합니다(다음 쪽 첫 번째 표 참조).

ERP는 1970년대에 탄생한 'MRP'(Material Requirement Planning: 자재 소요량 계획)에서 발전한 것으로, MRP는 공장의 자재 조달 시 '필요한 것을 필요한 때 필요한 양만' 계획한다 것이 그 기본 개념입니다. MRP는 1980년대에 제조 시설 계획, 인력 계획, 그리고 물류 계획까지 다루는 'MRP-Ⅱ'(Manufacturing Resource Planning: 생산 자원 계획)로 발전했습니다. 또한, MRP-Ⅱ 개념에 회계(재무 회계 및 관리 회계) 및 인사 관리 기능을 추가해 기업의 모든 자원을 취급하는 ERP로 진화했습니다.

ERP의 주요 특징

구체적으로 ERP의 주요 특징을 정리하면 다음의 6가지입니다.

1. **회사 차원의 기간 업무를 지원** 재무 관리 회계, 물류, 인사 관리 등의 업무를 폭넓게 다룬다(다음 쪽 두 번째 그림 참조).

2. **실시간 통합 시스템** 논리적으로 관련된 모든 정보, 예를 들어 생산, 판매, 물류 등의 정보가 실시간으로 업데이트된다.

3. **개방형 클라이언트/서버 시스템** ERP의 구조는 일반적으로 클라이언트/서버 시스템이며, 이용 서비스(클라이언트)와 정보 제공(서버)의 두 가지 기능을 갖추고 있다.

4. **여러 생산 형태를 지원** 예측 생산, 주문 생산, 세미 예측 생산, 개별 주문 제작 등 다양한 생산 형태를 지원한다.

5. **여러 거점 관리** 하나의 시스템에 여러 개의 생산 공장과 여러 재고 거점을 지원한다.

6. **글로벌 지원(다국어, 다중 통화)** 보통 10~20개국의 언어를 사용할 수 있으며 여러 통화에 대응한다.

✿ MRP에서 ERP로

	MRP	MRP-II	ERP
연도	1970년대	1980년대	1990년대
관리 대상	자재	자재+기계, 요원, 자산 등	기업 내 전 경영 자원
영역	공장 내	기업 내	기업 내부 및 기업 간
기능	자재 소요량 계획	공장 내 자원 관리 + 물류 계획	공급망 관리 + 글로벌화

✿ ERP가 커버하는 업무의 범위

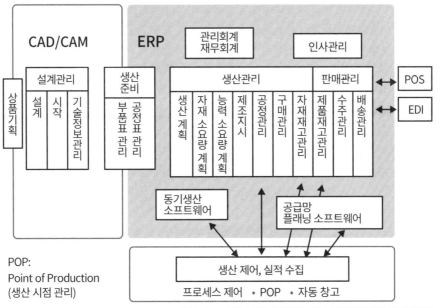

POP:
Point of Production
(생산 시점 관리)

(출처) «ERP入門(ERP 입문)»(동기 ERP 연구소, 공업조사회 편)을 바탕으로 작성

4-7

3R의 생각을 바탕으로
환경 대응 정보를 관리한다

환경 공헌과 비용을 절감하는 3R

'3R'의 R은 'Reduce', 'Reuse', 'Recycle'입니다. Reduce는 쓸데없는 것은 사용하지 않고 쓰레기를 줄임으로써 제조업의 설계 단계에서 부품 수를 절감하고 환경에 대한 공헌과 비용 절감을 실현합니다. Reuse는 사용할 물건은 폐기하지 않고 재사용하는 것으로, 자동차의 중고차 판매 등이 좋은 예입니다. 공장에서는 불량품을 즉시 폐기하는 것이 아니라 분해해 재사용하는 것이 일반적입니다.

이렇게 불량품이나 불용품을 내지 않으려는 노력도 필요하지만, 설계 단계에서부터 제조 용이성뿐만 아니라 분해 용이성을 고려하는 것이 중요합니다. Recycle은 불용품을 쓰레기가 아니라 자원으로 재이용하자는 생각입니다. 재생 제품의 구입도 환경 공헌에 직결되기 때문에 공장에서도 수송용 골판지 및 설명서 등 본체 기능이나 품질에 영향을 주지 않는 범위에서 좀 더 적극적으로 재생품을 사용하고 있습니다. 또한 생산 과정에서 발생하는 고철이나 알루미늄 조각 등도 재활용업체에 매각합니다. 아울러 Reduce에서 오염 물질을 배출하지 않는 것도 중요하기에 배수에도 세심한 주의를 기울이고 있습니다. 공장 마당 연못의 잉어와 흰뺨검둥오리의 부모와 자식의 모습은 직원들을 정신적으로 치유해줄 뿐만 아니라 동물이 안심하고 살 수 있는 안전한 환경의 증거입니다.

환경 정보는 중앙에서 관리해 공장 전체에서 활용

환경에 대한 정보는 지자체와 관공서에서 발행되지만, 이와 별개로 항상 최신 정보를 입수하고 친환경 기본 정보 관리 데이터베이스에서 중앙 관리하고 설계는 물론 생산, 판매, 애프터서비스까지 공장 전체에서 정보를 공유해야 합니다.

예를 들어 설계 단계에서 달성해야 할 환경 목표는 환경 대응 평가 데이터베이스에 저장돼 설계 가이드로 활용됩니다. 또한 각 제품에 대한 환경 대응 상황 정보는 환경 대응 프로필에 기록되고 이를 바탕으로 생산에 필요한 정보가 기준 정보 관리를 통해 공장에 전달됩니다.

환경 대응 대책은 설계 단계에서 거의 결정되기 때문에 기획 단계부터 친환경을 의식하고 설계 단계에서 상세하게 검토해 도면에서부터 '설계 검토'를 통해 평가된 시제품을 검증하고 양산 체제에 들어갑니다.

✿ 환경 관리 시스템 이미지

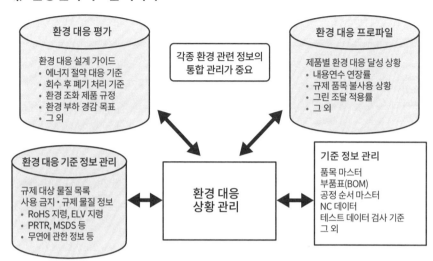

환경 대응 평가

환경 대응 설계 가이드
• 에너지 절약 대응 기준
• 회수 후 폐기 처리 기준
• 환경 조화 제품 규정
• 환경 부하 경감 목표
• 그 외

각종 환경 관련 정보의
통합 관리가 중요

환경 대응 프로파일

제품별 환경 대응 달성 상황
• 내용연수 연장률
• 규제 품목 불사용 상황
• 그린 조달 적용률
• 그 외

환경 대응 기준 정보 관리

규제 대상 물질 목록
사용 금지 · 규제 물질 정보
• RoHS 지령, ELV 지령
• PRTR, MSDS 등
• 무연에 관한 정보 등

**환경 대응
상황 관리**

기준 정보 관리

품목 마스터
부품표(BOM)
공정 순서 마스터
NC 데이터
테스트 데이터 검사 기준
그 외

✿ 친환경 제품 개발 방식

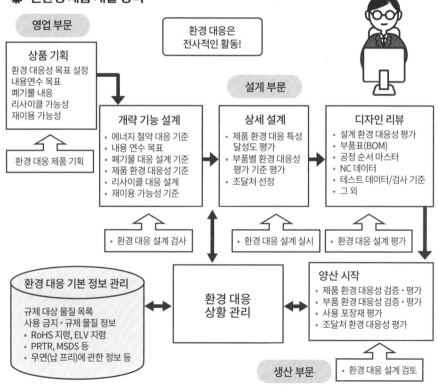

영업 부문

상품 기획
환경 대응성 목표 설정
내용연수 목표
폐기물 내용
리사이클 가능성
재이용 가능성

환경 대응은
전사적인 활동!

환경 대응 제품 기획

설계 부문

개략 기능 설계
• 에너지 절약 대응 기준
• 내용 연수 목표
• 폐기물 대응 설계 기준
• 제품 환경 대응성 기준
• 리사이클 대응 설계
• 재이용 가능성 기준

상세 설계
• 제품 환경 대응 특성
  달성도 평가
• 부품별 환경 대응성
  평가 기준 평가
• 조달처 선정

디자인 리뷰
• 설계 환경 대응성 평가
• 부품표(BOM)
• 공정 순서 마스터
• NC 데이터
• 테스트 데이터/검사 기준
• 그 외

• 환경 대응 설계 검사

• 환경 대응 설계 실시

• 환경 대응 설계 평가

환경 대응 기본 정보 관리

규제 대상 물질 목록
사용 금지 · 규제 물질 정보
• RoHS 지령, ELV 지령
• PRTR, MSDS 등
• 무연(납 프리)에 관한 정보 등

**환경 대응
상황 관리**

양산 시작
• 제품 환경 대응성 검증 · 평가
• 부품 환경 대응성 검증 · 평가
• 사용 포장재 평가
• 조달처 환경 대응성 평가

생산 부문   • 환경 대응 설계 검토

환경과 인체에 미치는 영향을 규제하는
RoHS, WEE, REACH, HACCP

'RoHS(Restriction of Hazardous Substances) 지침'은 EU 구역 내에서 판매되는 전기 · 전자 기기에 포함되는 유해 물질을 제한하는 것으로, 환경 파괴와 인체 건강에 악영향을 미칠 위험을 최소화하는 것이 목적입니다(다음 쪽 첫 번째 표 참조). 참고로 일본의 가전 재활용법도 이 지침을 준수하고 있습니다.

'RoHS 지침'은 EU에서 동시에 채택된 'WEEE'(Waste Electrical and Electronic Equipment: 전기 및 전자 장비 폐기물)를 보완해 설계 및 제조 시점에서 유해 물질의 배제를 의무화하기 위해 정해졌습니다.

'REACH 규제'(Registration Evaluation Authorization and Restriction of Chemicals)는 화학 물질의 등록, 평가, 허가 및 제한을 목적으로 한 EU의 규제로, 환경과 인체에 아주 크게 해를 끼칠 수 있는 화학 물질(고위험성 우려 물질)을 대상으로 합니다. "유해 물질을 제한하고 환경 파괴의 요인이 되거나 인체에 악영향을 미칠 위험을 최소화한다"는 점에서는 RoHS 규제와 비슷하지만, 규제 대상이 다릅니다(다음 쪽 두 번째 표 참조).

부품 제조 업체가 직접 EU에 수출하지 않아도 납입처의 제조 업체가 EU에 수출하는 경우에는 함유 물질의 정보 제공을 요청하기 때문에 잘못된 정보 공개와 정보 제공으로 인한 시간 지연으로 '고객 만족도 저하', '거래 정지', '매출 감소' 등 공급망 전체의 위험을 초래할 수 있습니다(다음 쪽 마지막 그림 참조).

식품 위생 규제 HACCP

'HACCP'(Hazard Analysis and Critical Control Point)은 식품에 대한 안전을 보장하는 위험 관리 기법으로, 서양에 수출하는 식품은 이 규정에 따라 제조 공정의 위생을 반드시 관리해야 합니다. 그러나 일본의 경우에는 이웃나라로부터 수입할 때 지나치게 엄격한 적용은 요구하지 않는 것 같습니다.

자동차에 관해서는 'ELV(End-of Life Vehicles) 지침'이 있으며, RoHS 규제보다 6년 이른 2000년 10월부터 시행되고 있습니다. 이러한 규제를 만족하지 않으면 수출은 물론 국내 판매도 어렵지만, 원재료 업체까지 포함한 공급 시스템 대응은 아직 충분하다고는 말할 수 없습니다.

✿ RoHS 대상 제품(품목) · 대상 카테고리

| ① 대형 가정용 전기기기(냉장고, 세탁기, 전자레인지 등) |
| ② 소형 가정용 전기 기기(전기청소기, 다리미, 토스터 등) |
| ③ 정보 기술(IT) 및 전기 통신 장치(PC, 프린터, 복사기 등) |
| ④ 생활용 전자기기(라디오, TV, 악기 등) |
| ⑤ 조명 장치(가정용 이외의 형광등 등) |
| ⑥ 전기 전자 공구(대형 정치형 공작 기계를 제외한 선반, 밀링머신(milling machine), 롤링머신 등) |
| ⑦ 완구, 레저 및 스포츠 용품(비디오 게임기, 카레이싱 세트 등) |
| ⑧ 의료용 기기(방사선 요법 기기, 심전도 측정기, 투석 기기 등) |
| ⑨ 감시 및 제어 장치(연기 탐지기, 측정 기기, 서모스탯 등) |
| ⑩ 자동 판매기(음용 캔 판매기, 화폐용 자동 디스펜서 등) |
| ⑪ 상기의 카테고리에 적용되지 않는 기타 전기 전자 장비 |

✿ RoHS 지령과 REACH 규칙의 차이는?

	RoHS 지령	REACH 규칙
대상 업계	전기 · 전자 기기 업계 중심	거의 모든 산업계
관리 개념	해저드 대응(위험하니까 그만두라)	리스크 관리(위험하니 중지하라)
대상 물질	제품에 지정된 10 유해물질(RoHS2 개정)이 함유됐는지 여부로 판단	제품 안에 약 1500종의 고위험 물질이 얼마나 들어 있는지 그 함유량을 판단

✿ 유통 체인에서 유해 물질 함유 정보 관리의 개요

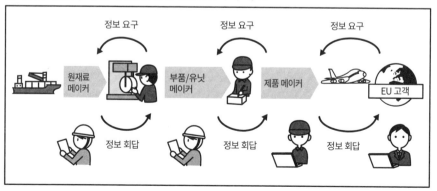

4-9 BCP(사업 지속 계획)을 만들어 위험 상황을 최소화

BCP는 최고 경영자의 중요한 업무

BCP(Business Continuity Plan: 사업 지속 계획)란 '모든 위기 사상을 극복하기 위한 전략과 대응이며, 대지진 등의 자연재해, 감염증 만연, 테러 사건, 대형 사고, 유통 체인(공급망)의 두절, 돌발적인 경영 환경 변화 등 예측하지 못한 사태가 발생하더라도 중요한 사업을 중단없이 진행시키거나, 중단하더라도 가능한 한 짧은 기간 안에 복구하기 위한 방침, 체제, 절차 등의 제안(정부의 사업 복구 가이드라인)'을 말합니다.

BCP의 대응 영향은 초기 단계의 사업 피해로 나타납니다. BCP가 없으면 복구시점을 기존 대응 체계에 따라 정하게 되고(다음 그림 참조), 이에 따른 사업 중단으로 고객의 신뢰도를 잃어 결국 사업 지속 가능 여부를 의심받는 사태를 부를 수 있습니다.

BCP를 수립할 때는 2개의 중요한 포인트가 있습니다. 하나는 절대 중단하면 안 되는 업무는 무엇이냐, 다른 하나는 언제까지 복구해야 하느냐는 것입니다. 절대 멈출 수 없는 일을 결정하는 것은 어렵습니다. 사실 중요한 점은 한 개인, 한 부서, 한 거점이 결정하는 것이 아니라 전체 조직을 책임지는 경영진이 리더십을 발휘해 결정해야 합니다. 한번 결정하면 끝이 아니라 사전에 계획을 세운 후 정기적으로 BCP의 검토와 개선을 행하는 지속적인 자세가 중요합니다.

개선 활동 체제를 만드는 BCM

BCP를 세운 후에는 개선 활동을 PDCA에 따라 실행합니다(다음 쪽 아래 그림 참조). 이 실시 체제를 'BCM'(Business Continuity Management)이라고 합니다.

정부 지침 중에는 당연히 기존 재해 대응 활동에 따라 직원의 안전 확보와 조기 거점의 복구, 정보 시스템에 대한 재해복구 계획도 포함되는데, 국제 규격인 ISO22301도 이와 큰 차이가 없습니다.

화산 활동, 지진이나 해일 등 자연재해의 위험이 많은 일본에서는 BCP나 BCM을 통해 고객과 사회에 대한 책임을 완수하는 것을 일류 기업의 증거로 정의합니다.

✿ 사업 지속 계획(BCP)의 개념

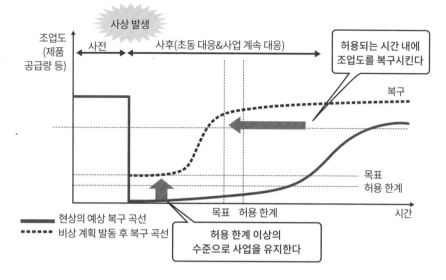

✿ 사업 계속 관리(BCM)의 전체 프로세스

죄고(罪庫)에서 재고(財庫)로

공장의 창고를 들여다보면 부품이나 재료, 장치품이나 완성품 등이 빽빽하게 놓여 있습니다. 이러한 재고를 '많게도 적게도 아닌 적정량으로 관리하라'고 하지만, 그것은 생각보다 어렵고 조금만 방심해도 재고는 증가합니다.

재고가 증가하는 이유는 생산 현장의 사람들에게는 재고가 아주 많아도 곤란한 일이 없기 때문입니다. 오히려 공장에서 발생할 수 있는 다양한 문제를 즉석에서 해결해줍니다. 예를 들어 부품 업체가 부품을 납기대로 납입하지 않아도 여분의 재고를 가지고 있으면 부품의 누락이나 결함으로 인해 생산 라인이 정지하는 것을 막을 수 있습니다. 또한, 품질 문제가 발생해 예정대로 제품이 완성되지 않아도 여분의 제품 재고를 가지고 있으면 납기대로 고객에게 납품할 수 있습니다. 긴급한 주문이 날아 들어와도 여분으로 제품 재고를 가지고 있으면 즉시 납품해 고객을 만족하게 할 수 있습니다.

이처럼 재고는 다양한 문제를 해결해주는 만병통치약입니다. 순간 방심하면 재고가 늘어나는 것은 당연한 것일지도 모릅니다. 하지만 한편으로 재고는 통제하기 어려운 '돈 먹는 벌레'입니다. 예를 들어 10억 원의 재고를 1년간 계속 가지고 있으면 연간 1억 원~1억5천만 원의 유지비가 듭니다. 대단한 금액입니다.

재고라는 글자를 재산의 '재'를 써서 '재고'라고 적기도 하고, 죄악의 '죄'를 쓰기도 합니다. 두 글자가 소리는 비슷하지만(일본에서는 똑같음), 의미상으로는 재고를 적정 수준으로 유지해 운용하면 효율적인 제조가 가능해 회사에 재물을 가져다주지만(이익) 반대로 필요 이상의 재고를 쌓아두면 회사의 자금 상황을 악화시키는 죄악의 존재가 되어 버린다는(손실) 뜻입니다.

그럼 재고를 관리하는 재고 관리 시스템은 어때야 할까요? 재고 관리 시스템은 많은 부품 재고나 제품 재고 중에서 회사 경영에 악영향을 미치는 '죄고'를 찾아 이를 '재고'로 바꿀 수 있는 시스템이어야 한다는 것이 저의 지론입니다. 독자 중에서 앞으로 재고 관리 시스템 개발에 종사하는 사람이 있다면 반드시 '죄고를 식별해 내는 가시화'나 '죄고를 재고로 전환'을 실현할 수 있는 시스템을 만들어가는 데 도전하기를 바랍니다.

가와카미 마사노부(川上正伸)

05장

공장의
IoT(Internet of Things)
활용

5-1 공장 지원 시스템 발전의 역사와 스마트공장

사용할 수 있는 기능을 추가하면서 진화한 공장 지원 시스템

공장의 업무를 지원하는 시스템은 1970년대부터 발달해왔습니다. 이 시스템은 새로운 시스템이 등장해도 과거의 기능을 대체하는 것이 아니라 더 나은 기능을 추가하면서 발전해온 것이 특징입니다.

시스템의 큰 변화로 1970년 무렵 부품명세서(BOM)를 활용해 자재 준비 계획을 이행하는 컴퓨터 소프트웨어 'MRP'(자재 소요량 계획)가 등장했습니다. 이로 인해 사람이 운영하던 공장 생산 활동을 컴퓨터를 통해 효율화할 수 있는 시대가 시작됐습니다.

생산 면에서도 설비 자동화에 그치지 않고 물류 등을 포함한 공장 전체를 자동화하자는 움직임인 'FA'(Factory Automation)가 일어나 'CIM'(컴퓨터 통합 생산)으로 발전했습니다. 이에 따라 공장의 개발·설계, 생산관리, 생산의 각 업무를 통합적으로 관리할 수 있게 됐습니다.

또한 1980년대 후반부터 CIM 중 생산관리 부분에 인사, 회계 부서의 지원을 추가한 패키지형 시스템 'ERP'(전사적 자원 관리)가 출현했습니다. ERP는 MRP의 기능과 CIM 개념을 계승했습니다.

1990년대 후반에는 각 기업의 ERP가 이어져 SCM(공급망 관리)이 등장했습니다. SCM은 자재 조달의 전략적 수조지만, 여기에서도 지금까지의 기능과 개념이 그대로 승계되고 있습니다.

IT의 진화와 함께 발전하는 공장 지원 시스템

공장의 지원 시스템은 IT의 진화에 맞춰 발전하고 지원 영역이 확대되고 기능이 추가되고 있습니다. IT의 진화와 함께 발전한 대표적인 시스템을 몇 가지 살펴보겠습니다.

Cloud Computing Service: 클라우드 컴퓨팅 서비스

외부 서버를 통해 소프트웨어, 플랫폼, 인프라 등의 서비스를 제공받습니다. 고정 비용을 크게 줄일 수 있으며, 장애 및 제품이나 공정 변경에 신속하고 유연한 대응이 가능합니다.

IoT(Internet of Things): 사물 인터넷

가전 제품이나 자동차, 의료 기기 등이 인터넷과 연결되는 것처럼 제조업에서는 생산 설비 및 작업자 제조물 센서 등이 네트워크로 연결됩니다. 시시각각 변화하는 생산 현장의 상세한 상황에 따라 공정 관리, 품질 관리 등이 가능해졌습니다.

AI(Artificial Intelligence): 인공지능

머신러닝(딥러닝) 기능이 크게 향상돼 제조 분야에서도 일정 설비 제어, 장인 기술의 수치화, 품질 불량이나 장비 고장의 미연 방지 등 지금까지 사람의 경험과 판단에 의존할 수밖에 없었던 분야에서의 활용이 확산되고 있습니다.

✸ IT 애플리케이션과 인프라 변화의 역사

디지털 혁명은 100년 계속되는 혁명!

① 공장 IT 개혁의 역사는 각 시대의 IT 키워드의 축적

② IT 개혁의 대상은 생산관리를 중심으로 한 기간 업무 개혁과 생산 공정의 자동화

③ 5기의 IoT, AI를 활용한 고도의 공장이 '스마트 공장'

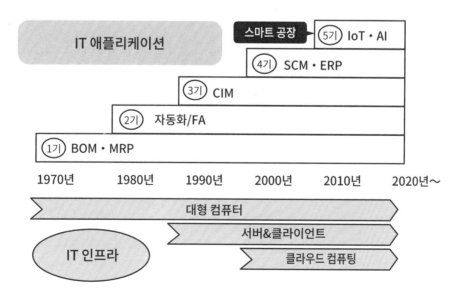

공장에서의 IoT 활용 방안

제조업에서 IoT를 활용하는 방법

IoT(Internet of Things)는 사물 인터넷이라고 하며, 물건이 인터넷을 통해 연결된 상태 또는 물건끼리 정보를 취득해 편의를 갖는 것을 의미합니다. IoT는 단순히 PC나 생산 설비, 가전제품 등의 '물건'을 인터넷에 연결할 뿐만 아니라 기계 및 장비 제품에 지능을 부여해 스스로 생각해서 자율적으로 움직이게 하는 것을 궁극적인 목적으로 합니다.

IoT의 기본 개념을 4가지 기능으로 나누어 살펴봅시다(다음 쪽 첫 번째 그림 참조).

① 우선 처음에는 사람, 물건에서 정보를 가져옵니다. 물건에 관해서는 각종 센서가 중요한 역할을 합니다. ② 해당 데이터를 인터넷을 통해 '클라우드'에 저장합니다. 클라우드는 클라우드 서비스를 이용하는 방법과 자사 클라우드 환경을 구축하는 방법이 있습니다. ③ 클라우드에 올린 데이터를 분석합니다. 이때 필요에 따라 인공 지능(AI)을 활용합니다. ④ 그리고 ③의 분석 결과에 따라 사람과 물자에 최적의 솔루션을 피드백합니다.

제조업에서 IoT의 이점

IoT 적용 시 제조 분야에서 어떤 결과를 얻을 수 있는지 5개 분야로 나누어 정리했습니다(다음 쪽 아래 표 참조).

1. **경영 관리 분야** IoT는 많은 분야의 상황을 실시간으로 파악하고 정확하게 경영 판단을 내릴 수 있습니다.

2. **개발 설계 분야** 여러 거점 간의 데이터 교환뿐만 아니라 3D 프린터를 활용해 시제품 등의 물건도 동시에 공유할 수 있습니다. 따라서 설계 리드 타임을 절감하는 효과를 기대할 수 있습니다.

3. **생산관리 분야** 생산, 공급망의 상황 전체를 파악할 수 있어 최적의 관리를 할 수 있으며 발주에 대한 대응 능력 향상, 생산 효율의 최적화, 비용 절감 등을 도모하는 동시에 수요 변동에 유연하게 대응할 수 있습니다.

4. **제조 관리 분야** 생산 공정 현황 파악, 원격 측정을 통해 다운타임을 줄이고, 부하의 저감, 예지 보전 등 장점이 생깁니다.

5. **자동 제어 분야** 장비에 설치된 센서에서 데이터에 의한 공정의 이상 검지를 실행하거나 PLC에 작용해 공정 자율 제어를 실행합니다.

✿ IoT란 사물이 인터넷으로 연결된 상태

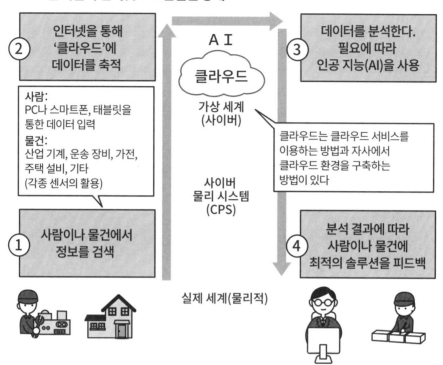

② 인터넷을 통해 '클라우드'에 데이터를 축적

사람:
PC나 스마트폰, 태블릿을 통한 데이터 입력
물건:
산업 기계, 운송 장비, 가전, 주택 설비, 기타
(각종 센서의 활용)

A I
클라우드

가상 세계 (사이버)

③ 데이터를 분석한다. 필요에 따라 인공 지능(AI)을 사용

클라우드는 클라우드 서비스를 이용하는 방법과 자사에서 클라우드 환경을 구축하는 방법이 있다

사이버 물리 시스템 (CPS)

① 사람이나 물건에서 정보를 검색

④ 분석 결과에 따라 사람이나 물건에 최적의 솔루션을 피드백

실제 세계(물리적)

✿ 제조업 분야에서 IoT가 할 수 있는 일

제조업 분야	IoT가 할 수 있는 일	
경영 관리	• 실시간 상황 판단 • 경영 판단의 고도화	• 의사결정의 속도 증가 • 유지 보수 비용 절감
개발 설계	• 거점 간 동시 개발, 동시 시작	• 설계 리드 타임 감축
생산관리	• 수요 변동의 대응 • 공급망 상황 전체 파악과 최적 관리	• 수·발주 대응 능력 향상 • 생산 효율 최적화 • 비용 절감
제조 관리	• 생산 공정 현황 파악 • 원격 계측 • 다운타임 삭감	• 부하 저감 • 예지 보전
자동 제어	• 이상 검지	• 자율 제어

제조업 시스템 표준화 움직임
① 인더스트리 4.0

독일이 낳은 4차 산업 혁명

'인더스트리 4.0'은 2011년부터 시작된 독일이 주도하는 제조업 혁신 활동입니다. 제조업의 역사에서 네 번째 혁명이 될 것으로 보이며 일본에서는 이를 제4차 산업혁명이라고도 합니다.

산업혁명 이전의 산업 형태는 가내 수공업, 도제 제도, 마이스터, 길드 등 인력과 장인 정신에 의한 생산 형태였습니다. 제1차 산업혁명은 19세기의 사건으로, 기계화 및 증기 기관에 의해 생산 작업의 기계화가 실현돼 비약적으로 생산 능력이 개선됐습니다. 영국의 자동 직기가 이 혜택을 받았습니다.

제2차 산업혁명은 20세기 초에 일어난 전력에 의한 생산 효율화로 미국의 자동차 산업에서 대량 생산이 실현됐습니다.

제3차 산업혁명은 20세기 후반에 걸쳐 대중적인 컴퓨터를 활용한 생산 활동 전체의 효율화, CIM 기반의 생산 자동화입니다. FA 영역에서는 통신 프로토콜 표준으로 MAP 제정이 있었습니다.

21세기에 들어서 IoT에 의한 빅데이터의 수집과 그것을 학습한 AI에 의한 분석 및 제어를 통해 스스로 생각하고 행동하는 스마트공장의 실현이 제4차 산업혁명입니다.

스마트공장의 ICT 활용

스마트공장이라는 새로운 시스템을 도입한 공장은 없습니다. 제조업의 원래 업무 자체에 변화가 있는 것이 아니고, 그것을 지원하는 하드웨어와 소프트웨어가 저렴하고 고성능이 돼 갈수록 ICT(정보 통신 기술) 활용이 활발해지는 것으로 생각할 수 있습니다.

클라우드 컴퓨팅 서비스의 도입이 진행되고 있지만, 네트워크에 대한 과도한 의존과 지연 속도 개선을 목표로 한 분산 처리 방식의 포그 컴퓨팅(Fog Computing)이나 장치 수준에서 P2P(Peer-to-Peer) 실시간 통신을 실현하는 엣지 컴퓨팅(Edge Computing) 등 다양한 형태의 ICT 활용 방법이 생겨났습니다. 이러한 기능을 원활하게 활용하려면 인터넷에서 데이터 취급에 관한 규약(XLM이나 XHTML 등)과 생산 설비에서의 정보 수집에 대한 통신 프로토콜과 내용에 관한 표준화 등의 정비를 추진할 필요가 있습니다.

인더스트리 4.0은 적극적으로 표준화를 추진 중입니다.

✿ 산업혁명의 역사

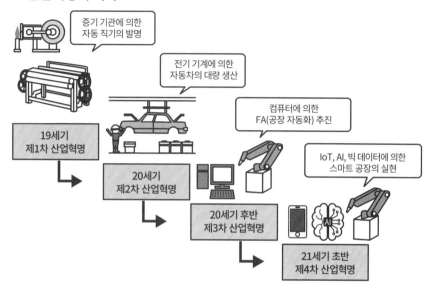

✿ 스마트 공장 시스템의 이미지

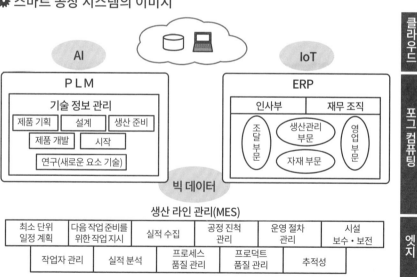

5-4 제조업 시스템 표준화의 움직임 ② 미국의 IIC와 일본의 IVI

미국 5개 회사에서 시작된 IIC

'IIC'(Industrial Internet Consortium)는 미국 5개 주요 IT 기업(AT&T, 시스코시스템스, 제너럴일렉트릭, IBM, 인텔)에 의해 2014년 3월 27일에 설립됐습니다. 개방적인 멤버십으로 운영되는 컨소시엄으로, IoT 기술 중 특히 인더스트리얼 인터넷의 산업 실장과 사실상 표준(유사 산업 표준) 추진을 목적으로 하고 있습니다.

전 산업을 대상으로 IoT를 촉매로 업무 프로세스를 변혁해 신규 비즈니스 모델의 창출이나 혁신적인 서비스의 제공, 경제 활동의 활성화를 목표로 하는 것이 특징입니다.

주된 산출물로는 ① 유스케이스(적용 사례), ② 설계 구조/프레임워크, ③ 테스트 베드의 세 가지가 있으며, 특히 ③ 테스트 베드는 단독으로는 할 수 없는 실제 환경에서의 실장 가능성 유무를 검증하는 가장 중요한 것입니다.

독일의 인더스트리 4.0과는 대립 관계가 아닌 상호 보완 관계로, 독일 기업 '보쉬, 지멘스, SAP' 등도 IIC의 멤버로 참가하고 있습니다.

IVI는 일본판 인더스트리 4.0

IVI(Industrial Value Chain Initiative)는 일본판 인더스트리 4.0으로 자리잡고 있으며, 기계학회 생산 시스템 부문의 '상호 연결되는 공장(Connected Factory)' 분과회가 모체가 되어 2015년 6월부터 본격적으로 활동을 시작한 조직입니다. 인더스트리 4.0의 'RAMI4', IIC의 'IIRA'에 이어 일본 독자적인 플랫폼 표준으로 IVRA를 발표했습니다. 특징으로는 '완고한 표준'이 아니고 레퍼런스 모델을 참고해 적당한 변경을 허용하는 '느슨한 표준'으로 지극히 일본적인 발상을 도입한 점을 들 수 있습니다.

스마트 설비가 출현하고 있는가?

제조업 분야에서 IoT를 활용할 수 있는 영역으로는 생산 설비의 센서가 있습니다. 미래에는 설비 그 자체가 스스로의 정보를 수집하고 분석해 제어하는 자립형 스마트 설비로 진화할 것으로 충분히 생각할 수 있습니다. 개별 스마트 설비가 수집한 데이터 분석 결과를 전후 공정과 커뮤니케이션하는 것으로 생산 라인 전체에서 QCD의 향상을 꾀하는 것이 가능해질 것입니다.

문제는 설비제어를 중심으로 AI 등의 소프트웨어 개발이 전기, 기계 설비의 뒤를 쫓고 있다는 것입니다. 원래 전기, 기계, 소프트웨어는 비슷한 수준으로 전체 아키텍처(architecture) 안에서 고려돼야 합니다.

✿ 각국의 제조 산업 표준화의 내용

각국의 특징과 비교	미국 IIC(Industrial Internet Consortium)	일본 IVI(Industrial Valuechain Initiative)	독일 Industry 4.0
목적	새로운 비즈니스 모델 또는 서비스의 창출	공장 가상화(Connected Factory)의 실현	독일이 4차 산업혁명 주도권을 리드
조직 운영 체제	국제 기업 간의 포럼	일본 기계학회의 분과회	독일 국가 프로이트
활동 내용	실증 실험, 사례 연구	플랫폼의 책정	연구 추진 표준 규격 책정
성과물의 취급	참여 기업 간 공유	경쟁 영역과 협조 영역을 가른 오픈&클로즈 전략	프로젝트가 발행
표준화 대응 방침	사실상 표준을 지향한다	완만한 표준을 지향한다	우선은 표준화
주요 대상 업종	전체 산업	제조 현장	독일 설비 제조 회사

✿ 프로그램 개발 과정의 개선 속도

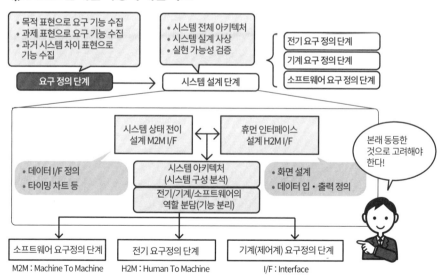

M2M : Machine To Machine   H2M : Human To Machine   I/F : Interface

5-5 공장 내 가동 상황을 IoT에 의해 '가시화'한다

규모와 업종을 불문한 '가시화'의 확산

오늘날 IT 관련 기술의 진보에 의해 다시 공장의 생산 활동을 '가시화'하는 것이 주목받고 있습니다.

일반적으로 공장의 생산 활동은 다양한 기계장비와 수작업의 조합으로 이루어지지만, 활동의 양과 질은 쉽게 눈으로 확인할 수 없습니다. 공장의 '가시화'는 눈으로 볼 수 없는 공장의 생산 활동 정보를 IT 기술과 센싱 기술을 활용해 수치로 시각화하는 것을 의미합니다.

기존 프로세스를 수치로 제어해서 제품을 만드는 화학 공장 등이 대상 프로세스의 데이터 표시 방법을 '가시화'해 왔습니다. 현재는 여타 업종에 해당하는 공장에서도 재료의 움직임을 포함한 생산 활동 전체의 '가시화'가 요구되고 있습니다.

'가시화'의 과제

IT 기술의 발전만으로는 해결되지 않는 '가시화'의 과제도 있습니다. 그러한 과제 중 하나는 오래된 생산 시설을 '가시화'하는 것입니다. 제조업 현장에는 현재까지 수십 년 동안 가동하는 시설도 있습니다. 이러한 오래된 시설에서 정보를 수집하는 것은 쉬운 일이 아닙니다. 이를 위해 각 시설의 특성에 맞게 상태 정보를 수집할 수 있는 카메라나 진동 센서 등 다양한 추가 센싱 기술을 사용해 정보를 디지털화해야 합니다.

또한 개별 공장 및 시설 상황에 따라 데이터를 수집하는 방법을 조정할 필요가 있어 한 번에 대규모 투자를 실행하는 것보다는 소규모로 도입 효과를 검증하고 대규모로 배포하는 것이 좋은 결과를 기대할 수 있습니다. 이런 검증 활동을 'PoC'(Proof of Concept)라고 합니다.

다양한 생산 공정에 적용할 검증에서 운영과 시스템 사양, 그리고 무결성 확인은 중요합니다. 예를 들어 작업 진척도처럼 작업자 활동이 데이터 측정 대상이라면 실시간이라 해도 실제 상황이 일어난 시점에서 몇 초 또는 몇 분의 시간 지연이 발생합니다. 이러한 운용 프로세스에 적합하도록 시스템을 설계하는 것이 투자 최소화를 달성하는 방법입니다.

'가시화'를 진행하기 위해서는 생산 시스템에 적합하게 어떻게 무리없이 시스템 데이터를 측정하고 수집하고 저장할지를 검토하는 것이 중요하며 사전에 충분한 업무 분석과 검토가 필수적입니다. 이러한 검토를 통해 기존 설비나 수작업을 포함한 생산 활동 전체를 '가시화'하고 파악할 수 있습니다.

✿ IoT는 가시화를 위한 중요한 기술

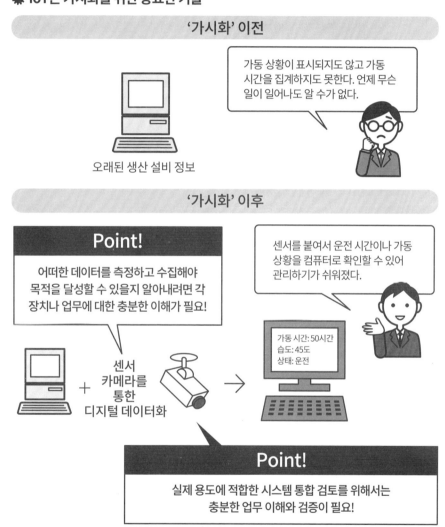

'가시화' 이전

가동 상황이 표시되지도 않고 가동 시간을 집계하지도 못한다. 언제 무슨 일이 일어나도 알 수가 없다.

오래된 생산 설비 정보

'가시화' 이후

Point!
어떠한 데이터를 측정하고 수집해야 목적을 달성할 수 있을지 알아내려면 각 장치나 업무에 대한 충분한 이해가 필요!

센서를 붙여서 운전 시간이나 가동 상황을 컴퓨터로 확인할 수 있어 관리하기가 쉬워졌다.

센서 카메라를 통한 디지털 데이터화

가동 시간: 50시간
습도: 45도
상태: 운전

Point!
실제 용도에 적합한 시스템 통합 검토를 위해서는 충분한 업무 이해와 검증이 필요!

5-6 '가시화' 정보를 활용한 현장 피드백

'가시화'한 정보 제공 방법

다양한 생산 활동을 데이터화해 '가시화'한 후 생산 현장에 정보를 제공해야 합니다. 정보를 제공하는 방법에는 다음과 같은 것이 있습니다.

1. 생산 현장에서 이상 상황이 발생했을 때 신속하게 대응하기 위해 직원의 스마트폰에 시설 경고 정보를 실시간으로 표시.

2. 작업자의 배치를 최적화하기 위해 계획과 실적을 쉽게 비교할 수 있도록 정보를 한눈에 알 수 있도록 표시.

3. 장비 상태 정보를 실시간으로 수집해 사람이 판단하고 제품 불량을 자동으로 감지해 표시.

그러나 이러한 경우들은 현장에서 수집한 '가시화' 정보를 화면에 표시할 뿐이라 실제로 개선 효과로 이어지려면 작업자와 생산 설비 운용 등의 생산 활동 자체가 바뀌어야 합니다. 즉, 효과를 창출하기 위해서는 '가시화'된 정보를 사용해 생산 활동을 최적으로 제어하는 업무 운용, 피드백 메커니즘이 필요합니다. 이를 위해서는 시스템의 목적을 명확히 한 후에 보여주는 정보뿐만 아니라 정보를 이용한 운용 프로세스의 설계가 함께 수행돼야 합니다.

'가시화' 정보 시스템 활성화

생산 정보도 정확하고 운용 프로세스가 명확한데도 운용 설계가 나쁘기 때문에 '가시화' 시스템이 제대로 작동하지 않는 경우가 있습니다. 예를 들어, 정보를 입력하는 부서가 정보를 제대로 작성하지 않아 정보의 정확성이 떨어지고 결과적으로 모두가 그 정보를 사용하지 않게 되는 경우입니다. 이 상황은 '가시화'하기 위해 정보를 입력하는 부서와 혜택을 누리는 부서가 달라 입력하는 부서에 혜택이 없는 경우에 발생하기 쉽습니다. 정보를 입력하는 현장에 직접적인 혜택이 없는 작업에는 단 1초라도 공들이고 싶지 않는 것이 작업자의 생리이기 때문에 IT 관련 기술의 활용 및 장비 운용으로 최대한 쉽게 정보를 입력할 수 있는 설계가 필요합니다.

생산 정보의 수집이 생산 현장에 집중되는 경우도 피드백이 생산 현장이나 제조 공정 계획 등에만 제한적으로 사용됩니다. 더 큰 효과를 얻기 위해서는 제조와 설계 사이에서 제조상의 문제점들을 공유하고 조달 부품의 요구 기한을 최적화하는 등 설계 부서와 구매 부서에 피드백의 적용 범위를 확대하는 것이 중요합니다.

시스템 입력은 수단이지 목적이 아니지만, 정착할 때까지는 관련 시스템에서 수집 활동 적용률 등을 모니터링하고 정착을 촉진할 필요가 있습니다.

✿ IoT를 통한 '피드백'

'가시화' 정보는 문제도 '가시화'한다

공장의 '가시화'로 얻을 수 있는 생산활동 정보는 생산에 관련된 현재의 과제를 해결하기 위한 감시나 컨트롤을 위해 사용됩니다. 그러나 최신 기술을 적용하는 것만으로 현재 명확하게 정의되지 않은 과제의 추출이나 장래 예측 정도의 향상을 기대할 수는 없습니다.

IT 관련 기술의 진보로 과거에는 수집하기 어려웠던 다양한 장치 상태를 나타내는 데이터나 작업 환경 정보, 제품 상태, 품질, 리드 타임 등의 정보를 제품이나 사람, 장치나 재료에 연결해 쉽게 수집할 수 있게 됐습니다.

이러한 기술적 배경에는 딥러닝(Deep Learning)으로 대표되는 AI(Artificial Intelligence, 인공지능) 기술의 발전에 따라 과거에 규칙화나 해석의 어려움으로 사람들이 담당해온 판단 업무를 자동화할 수 있게 됐다는 점이 있습니다. 이러한 기술에는 다음과 같은 적용 사례가 있습니다.

1. 샘플 공정 정보를 대량으로 학습시키고 샘플 공정을 설정한 공정과 동일한 공정을 자동으로 설정합니다.

2. 불량률이나 가동률 개선 목표에 대해 관련 여부가 명확하지 않은 대량의 데이터를 모아 어느 데이터를 컨트롤하면 목적을 달성할 수 있는지 분석합니다.

이러한 적용에 따라 지금까지 숙련된 작업자들이 해오던 판단 업무를 자동화해 사람이 인식하지 못했던 새로운 룰을 발견할 수 있게 됐습니다.

시뮬레이션으로 예측 정보를 얻다

미래를 예측하는 수단으로 시뮬레이터를 사용하는 방법도 있습니다.

일반 시뮬레이터는 한번 설정된 전제 조건에서 시뮬레이션하는 경우가 많지만, 제조 현장에서는 이 전제 조건을 벗어나는 상황이 종종 일어나기 때문에 기대하는 예측 목표를 얻을 수 없는 경우가 종종 있습니다.

아울러 처음에는 정확도가 높더라도 시간이 지나면서 함께 전제 조건이 변화해 시뮬레이터가 산출하는 예상 정확도가 떨어지는 경향이 있습니다. 지금까지는 시뮬레이터에 실제 생산현장 상태를 실시간으로 반영하는 것이 어려웠지만, 현재의 기술 수준을 활용하면 실제 현장의 최신 데이터를 시뮬레이터 조건으로 피드백하여 예측 생성을 실제 상황에 맞게 향상시킬 수 있습니다(CPS: Cyber Physical System 또는 Digital Twin).

모든 물건을 만들기에 적합한 만능 AI나 시뮬레이션 장치는 존재하지 않지만, 일정한 조건에서 적용할 수 있는 AI 기술 등을 활용한 사례는 서서히 증가하고 있습니다.

✿ IoT화로 얻은 정보를 어떻게 활용할까?

5-8 사례 검증 – 히타치의 오미카 사업소는 왜 IoT를 적용했을까?

IoT를 차세대 생산 시스템 핵심으로

이바라키현 히타치시에 있는 히타치 제작소 오미카 사업소는 발전, 교통, 상하수도, 철강 등의 사회 인프라에 관련된 플랜트 전용 제어장치를 생산하고 있습니다. 이러한 제어장치는 대상 플랜트의 구성 및 기능이 각각 다르기 때문에 하나의 수주 플랜트별로 설계하는 완전 수주 생산 방식으로 생산합니다. 사업 형태는 사업소 내에서 수주에서 소프트웨어와 하드웨어의 설계, 생산, 조달, 시험, 출하까지 일괄 진행하는 방식입니다. 사업소에서는 과거 20년에 걸쳐 각 부문에서 상황별로 최신 IT 기술을 활용해 합리적으로 시스템을 구축했고 생산 현장에서는 IE(Industrial Engineering) 기법에 의한 생산 개혁을 진행해 왔습니다.

이러한 개혁은 어느 정도의 성과를 올렸지만, 한편으로는 각 부서의 개별 최적화가 진행되면서 100개가 넘는 개별 IT 시스템이 구축됐고 이로 인해 기능 중복이나 확장성 제약 등의 문제점이 눈에 띄기 시작했습니다. 이 때문에 계속해서 개선 활동을 하고 있으나 전체적으로는 생산성이 향상되지 않는 모순이 표면화됐습니다.

결국 사업소 전체의 생산 시스템을 개혁하기 위해서 '차세대 생산 시스템' 프로젝트가 시작됐습니다. 이 프로젝트를 위해 설계, 제조, 조달 관계의 실태를 잘 아는 실무자들이 모여 공동으로 생산 시스템의 개혁을 추진했습니다. 프로젝트에서는 기존 시스템으로부터 취득할 수 있는 정보는 가능한 한 살리면서 새로 필요한 정보는 IoT를 활용해 수집하기로 했습니다. 또한 단순한 '가시화'에 머무르지 않고 실제 작업자나 설비의 움직임을 컨트롤해 개선할 수 있는 구조로 만드는 것과 각 부서의 이익보다는 전체의 이익과 최적화를 우선하는 것으로 방침을 정했습니다.

특히, 실제 생산 활동을 통제하고 개선하는 프로세스에 대해서는 '가시화'(Sense)→'분석'(Think)→'대책'(Act)이라는 형태로 정리해 업무 설계까지 포함해 기획했습니다.

✸ 공장의 '가시화' ⇒ '분석' ⇒ '대책' 순환 시스템

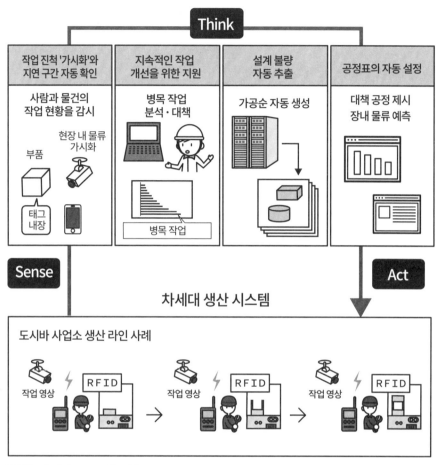

RFID: Radio Frequency IDentifier
(ID 정보를 넣은 RF 태그를 사용해 무선 통신으로 정보를 주고받음)

오미카 사업소 개요

1969년 설립

소재지: 오미카쵸(히타치시 남부)

대지 면적: 20만㎡

사업 개요: 인프라 시설 외 정보 제어 시스템 제조
각종 발전 제어, 도로 교통 감시 제어, 열차 운행 관리, 상하수도 이수 감시 제어, 일반 산업용 제어

사업소 내 종사자: 약 4,000명(종업원, 관계사 사원 등)

5-9 설계 효율화와 제조 연계에 따른 제조 최적화

설계 노하우의 축적과 재사용

히타치 제작소의 '차세대 생산시스템'을 예로 설계의 효율화 방법과 보다 효율적으로 생산 가능한 현장을 만들 수 있는 구조 설계와 작업 지시에 대해 살펴봅시다.

기존 설계 과정에서는 설계자가 고객의 주문마다 개별적으로 설계했기 때문에 동일한 기능의 부품을 여러 번 설계하고, 각 설계자의 기량에 따라 설계 작업 효율에 차이가 있었습니다. 그래서 공통으로 사용하는 설계도를 정리하고 데이터베이스를 구축해서 중복 설계를 방지하고, 기존에 설계되지 않았던 부분만 쉽게 추가 설계할 수 있는 IT 시스템을 구축했습니다. 또한 개별 설계했던 부품들도 재활용 가능성이 높은 부분은 새로 데이터베이스에 등록하는 작업을 시작했습니다. 이에 따라 설계의 효율성뿐만 아니라 자연스럽게 설계의 통합도 진행되어 현장의 작업 효율이 개선됐고 품질 향상에도 좋은 영향을 미쳤습니다.

또한 설계 및 제조 부문의 공장 관련 노하우도 데이터베이스화하여 CAD 데이터에서 규칙 위반 등의 문제점을 찾아내 생산 현장까지 설계 불량으로 인한 영향이 미치지 않는 구조를 구축했습니다. 이 방법을 사용하면 기존에 상품을 제조하는 단계에서 발견됐던 설계자의 실수를 설계 단계에서부터 걸러낼 수 있어 재작업을 방지하고 전체적으로 업무 효율을 향상시킬 수 있습니다.

조립 순서의 자동 생성 시스템 개발

기존에는 작업 지시 내용 구성을 위해 현장의 작업자가 하나의 완성 도면을 바탕으로 자신의 작업 순서를 생각하면서 준비했습니다.

따라서 도면 독해 후 한 명의 작업자분 작업량을 판단하기 위해서는 몇 년의 실무 경험이 필요했습니다. 오미카 사업소에서는 이러한 이유로 3차원 CAD로 설계 작업에 대응하고 있었기 때문에 3차원 설계 정보에서 조립 순서를 자동으로 생성하는 시스템을 개발해서 지원했습니다. 이를 통해 제조부 현장 입체도면에서 부품당 작업 단계를 분해해 작업 지시를 할 수 있는 구조를 확립했습니다. 이 방법을 사용해 평균 작업 분량을 처리하는 작업자가 되기 위해 필요한 기간을 대폭 단축할 수 있었습니다.

이러한 노력을 통해 현장의 작업 효율 향상을 실현하고 있습니다.

✿ 설계 현장에서는 각종 설계 노하우를 설계 룰로 축적

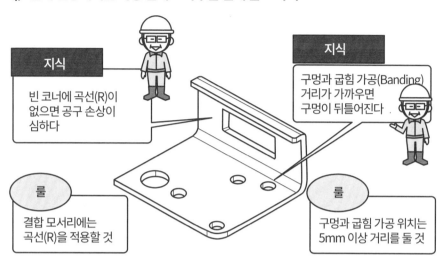

지식
빈 코너에 곡선(R)이 없으면 공구 손상이 심하다

지식
구멍과 굽힘 가공(Banding) 거리가 가까우면 구멍이 뒤틀어진다

룰
결합 모서리에는 곡선(R)을 적용할 것

룰
구멍과 굽힘 가공 위치는 5mm 이상 거리를 둘 것

- 경험이 적은 설계자들은 모든 설계 규칙을 파악하기가 쉽지 않다.
- 설계 규칙 확인에 시간이 걸린다.

설계 규칙(요건)을 데이터베이스화해 주의할 위치와 주의 이유를
설계자에게 제시함으로써 불량을 줄이고 설계자의 양성을 촉진한다.

✿ 완전 수주 생산의 고유한 노하우도 데이터베이스화해 문제점을 적출

문제 발생 부위 목록

문제 부위
(강조 표시)

3차원 CAD 시스템상에 문제가 되는 설계 규칙의 세부내역을 제시해 경험이 부족한 설계자에게 지식을 제공하고 기술 향상을 지원

설계 규칙의 상세

5-10 공정 조정과 생산 프로그램의 자동화로 리드 타임 감소

관리 감독자의 의사결정 노하우 표준화

전통적인 대부분 기업에서는 개별 설계로 인해 설비를 자동화하기 어려워 수동 공정을 사용해 왔습니다.

생산 개혁 프로젝트를 시작하기 전에 'RFID'(Radio Frequency IDentifier) 태그를 활용해 수동 공정의 리드 타임이나 불량률 관리, 납기 관리를 쉽게 하기 위해서 '가시화' 시스템을 개발했습니다. 하지만 '가시화'된 데이터를 이용해 현장을 관리하는 프로세스가 제대로 준비되지 않았기 때문에 많은 부분의 의사결정이 현장 관리 책임자의 재량에 맡겨졌습니다.

이번 프로젝트를 통해 현장 관리 책임자의 의사결정 프로세스를 정형화해 시스템에 포함시킴으로써 누구나 현장 관리 책임자의 의사결정 프로세스에 대한 전문 지식을 통일할 수 있었습니다. 예를 들어, 이번 프로젝트에서는 전체 공정의 일정 조정, 시각화 공정의 부하 조정, 현장 과제 추출과 대책, 일일 부하 조정 등이 대상이 됐습니다.

프로세스 계획 담당자 노하우 체계화 및 생산 계획 자동화

또한 이번 생산 개혁 프로젝트에서는 생산 계획 자동화도 진행했습니다.

수주 생산에서는 설계가 완료될 때까지 BOM이 설정되지 않기 때문에 프로세스 계획 담당자가 BOM이 필요한 일반 공정표를 활용할 수 없기 때문에 계획을 조정해 작업을 현장에 할당했습니다. 이로 인해 전체 워크로드가 최적화되지 않았고 전반적인 효율이 저하됐습니다.

프로세스 계획 담당자의 노하우를 체계화함으로써 BOM 없이 전체 프로세스를 자동으로 생성할 수 있었습니다. 또, 현장의 공정별 운용 진행 상황을 나머지 운용량과 비교함으로써 적시에 적절한 방식으로 배분하고 지시할 수 있는 시스템을 구축했습니다. 이 시스템은 운영 규칙과 통합되어 현장 관리 감독자의 의사결정 범위를 최소화했습니다.

위에서 설명한 시스템 및 운영의 개발을 통해 생산 개혁 프로젝트 전반에서 대표 제품의 리드 타임 50% 감소를 달성했습니다.

✿ 공정 자동설정 사례

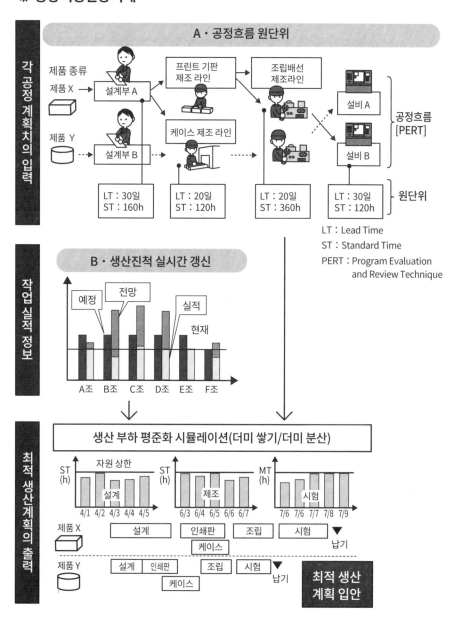

A · 공정흐름 원단위

각 공정 계획치의 입력

제품 종류
제품 X

설계부 A

프린트 기판 제조 라인

조립배선 제조라인

설비 A

설비 B

공정흐름 [PERT]

제품 Y

설계부 B

케이스 제조 라인

원단위

LT : 30일
ST : 160h

LT : 20일
ST : 120h

LT : 20일
ST : 360h

LT : 30일
ST : 120h

LT : Lead Time
ST : Standard Time
PERT : Program Evaluation and Review Technique

B · 생산진척 실시간 갱신

작업 실적 정보

예정 전망 실적 현재

A조 B조 C조 D조 E조 F조

최적 생산계획의 출력

생산 부하 평준화 시뮬레이션(더미 쌓기/더미 분산)

ST (h) 자원 상한 설계 4/1 4/2 4/3 4/4 4/5

ST (h) 제조 6/3 6/4 6/5 6/6 6/7

MT (h) 시험 7/6 7/6 7/7 7/8 7/9

제품 X   설계   인쇄판   조립   시험   ▼ 납기
         케이스

제품 Y   설계 인쇄판   조립 시험 ▼ 납기
         케이스

최적 생산 계획 입안

공정흐름 원단위: 해당 공정에서 필요한 단위당 자원
MT: Machine Time

5-11 | 건설 기계 정보를 원격으로 확인할 수 있는 KOMTRAX

KOMTRAX 개발 목적과 배경, 기능 개요

'KOMTRAX(콤트랙스)'는 대기업 건설 기계 메이커인 코마쯔가 개발한 건설 기계의 정보를 원격으로 확인하고 그것을 활용하기 위한 기계 가동 관리 시스템입니다. 그 구조는 5-2절에서 설명한 IoT의 기본 개념과 4가지 기능을 도입한 선진 사례입니다. KOTRAX의 개발 목적과 배경, 기능의 개요를 살펴보겠습니다.

1. **건설 기계 위치의 '가시화'** 건설 기계 한 대 한 대의 최신 위치와 현장 간 이동 경위를 파악해 차량의 이동 계획 수립 및 운송 트레일러의 배송 지시 등 효율적인 배차 업무를 지원.

2. **유지 보수 이력의 '가시화'** 목표는 유지보수 서비스의 업무 효율화와 고정비 감소. '영업 및 서비스 부문의 효율 향상', '보급 부품 재고의 적정화 및 매출 증대', '체류 공급 부품의 소멸 및 재고 공간 절약을 통한 비용 절감' 등의 효과.

3. **사업성의 '가시화'** 목적은 대리점 · 고객 수익성 향상. 사업성을 '가시화'해 운영 및 유지보수 비용을 절감하고 기계 가동률을 향상할 수 있으며, 운영자의 작업 프로세스 '가시화 및 운영자의 적절한 지도 육성, 숙련도 향상을 통해 운전시간 단축 및 생산성 향상과 고객 수익 증대로 연결.

KOMATRAX는 IoT의 다음 4가지 기능을 실현한 선진적인 구현 사례라고 할 수 있습니다(다음 쪽 첫 번째 그림 참조).

① 작업자 또는 사물로부터 정보를 측정

② 그 정보를 인터넷을 통해 데이터베이스에 자동으로 축적

③ 축적된 데이터를 분석

④ 작업자나 사물에 최적 솔루션을 피드백

현장의 모든 정보를 ICT로 연결하는 '스마트 건설'

덧붙여 KOTRAX 외에도 코마쯔에서는 '스마트 건설'을 추진하고 있습니다. 스마트 건설이란 '건설 현장의 모든 정보를 ICT로 연결하고 안전하고 생산성 높은 미래의 현장을 실현하는 솔루션 사업'입니다.

✿ KOMTRAX의 구조

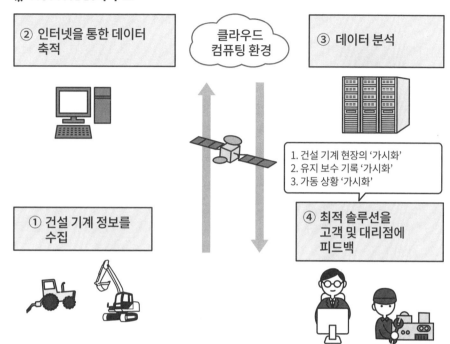

② 인터넷을 통한 데이터 축적

클라우드 컴퓨팅 환경

③ 데이터 분석

1. 건설 기계 현장의 '가시화'
2. 유지 보수 기록 '가시화'
3. 가동 상황 '가시화'

① 건설 기계 정보를 수집

④ 최적 솔루션을 고객 및 대리점에 피드백

✿ KOTRAX 성공의 포인트

No.	성공의 포인트
1	**고객 지향과 회사 전체 팀워크** 경영자 및 회사 전체의 '고객을 위하여'라는 고객 지향의 의지와 제약 미처 생각하지 않은 발상과 그 실행력
2	**목적, 궁극적 목적의 명시화** '고객에게 없어서는 안 될 존재가 된다'는 것이 궁극의 목적이다
3	**ICT, IoT의 높은 기술력** • 높은 수준의 목표 설정: '타사가 몇 년 내에 쫓아오지 못할 최신·최고의 상품 제공' • 회사 전체적인 기술력 강화 노력

'디지털 트랜스포메이션 경영'의 'KOMTRAX' 플랫폼

노지쿠니오(野路國夫)씨의 말 일부 인용

꿀벌 사육에서의 AI 활용 사례

필자의 회사에서는 저출산 고령화로 일손이 모자라 고통받는 회사들을 돕기 위해 다양한 업계의 과제에 참여하고 있습니다. 특히 독특한 것은 꿀벌 관리에 이용되는 '꿀벌 센싱(Bee Sensing)'입니다.

꿀을 만드는 양봉업에서는 전용 벌통에서 꿀벌을 사육합니다. 벌통 속 뚜껑을 열지 않으면 모습을 모르기 때문에 양봉가는 모든 벌통 뚜껑을 열어가며 확인합니다. 그러나 꿀벌은 벌통의 뚜껑을 열어두면 스트레스를 받기 때문에 장시간 열어둘 수 없습니다. 이러한 제약 속에서는 전수 검사를 하는 데 많은 노력이 필요합니다.

게다가 외딴 산속에 위치한 수많은 현장에 가는 것만 해도 고생입니다. 여러 양봉장을 가지고 있는 양봉가도 많습니다.

이러한 과제를 해결하기 위해 소형 센서 장치를 개발했습니다. 이것이 '꿀벌 센싱(Bee Sensing)'입니다. 이 장치를 벌통에 설치하고 전원을 켜면 스마트폰에서 벌통 내부의 모습을 확인할 수 있습니다. 이 기술을 활용해 기존에 블랙박스였던 벌통의 내부 상태를 자동으로 판단할 수 있고 중요한 이벤트의 전조를 알리는 시스템도 제공하려고 노력 중입니다. 이 기술은 국가 연구 개발 법인 '농업·식품 산업 기술 종합 연구 기구'의 협력을 받아 연구를 진행하고 있습니다.

온도, 습도, 무게, 진동, 음성 데이터를 수집하고 인공지능으로 학습시켜 '질병이 발생했다' 등을 예측하면 양봉가는 미리 그에 대응해 조치를 취합니다. 예를 들어, 꿀벌의 도망을 예측 경고하면 도망가려는 꿀벌을 미리 기다렸다가 잡을 수 있습니다. 지금까지 양봉 관리 방법을 개선하기 위해서 다른 양봉의 성공 경험을 참고해왔습니다. 그러나 경험 참조 방법으로는 꽃, 풍향 등 장소마다 다른 다양한 상황 조건을 관리 방법에 반영할 수 없습니다.

AI를 활용하면 믿음에 얽매이지 않는 과학적 관리가 가능하며 개인 양봉뿐만 아니라 업계 전체에 이점을 가져옵니다. 언제, 어디서, 어떻게 채취한 꿀인지 생산 이력을 제공함으로써 식품 안전과 신뢰도 높은 브랜드 가치를 창출할 수 있습니다. 공장은 벌통과 적용 영역이 다르지만, AI가 어떻게 도움이 되는지 연계해 상상할 수 있는 사례라 할 수 있습니다.

이토 다이스케(伊東大輔)

06장

공장에서의
AI, 빅데이터, RPA의 활용

6-1 AI(인공 지능)는 기존 시스템과 어떻게 다른가?

AI란?

AI(인공지능)의 기본 아이디어는 1947년에 수학 천재 앨런 튜링이 처음 제창했습니다. AI(Artificial Intelligence)라는 용어는 1956년 다트머스 회의에서 존 매카시가 사용한 것이 처음이라고 합니다. 인간의 뇌가 행하는 지적 작업과 추론을 컴퓨터에 모방시켜 축적된 데이터를 학습시킴으로써 한층 더 지능화한 시스템이 AI입니다.

제조업에서는 목시 검사 등에 이용되고 있습니다. 제조업에서는 저출산 고령화에 따른 일손 부족이 점차 심각해지고 현장 담당자의 소화할 수 없는 업무량과 그로 인한 스트레스 때문에 이를 극복할 수 있는 대안으로 생산성을 높일 수 있는 AI에 대한 기대가 높습니다(다음 쪽 첫 번째 그림 참조).

재래식 시스템과 AI는 어떻게 다른가?

AI는 판단 기준을 도입한 후에도 지속적으로 보완할 수 있다는 점에서 기존 시스템과 다릅니다.

6-5절에서 설명한 불량 분류를 예로 들면, 양품과 불량품을 구분하기 위한 판단 기준은 기존 시스템의 경우 도입 개시 시점에는 프로그램에서 빠져 있었습니다. 한편, AI 기반 시스템에서는 판단 기준 자체를 도입 개시 후에도 업데이트할 수 있습니다.

기존 시스템은 도입 시점에 판단기준을 모두 생성해야 합니다. 판단기준을 변경할 때마다 추가비용이 발생합니다. AI기반 시스템의 경우 판단기준을 시스템이 가동한 이후에도 추가로 학습할 수 있기 때문에 초기도입 이후 운용 시에도 판단 기준을 수정하기 위해 기존 시스템에서 소요된 비용 외 추가 비용은 불필요할 뿐만 아니라 도입 후에 판단 기준을 더욱 개선해 나갈 수 있습니다. 검사 AI의 예에서도 도입 후에 검품 기준을 변경하거나 새로운 결함을 감지하고자 하는 경우 사용자가 직접 AI에 의한 재학습을 진행할 수 있습니다.

✿ AI가 인간의 판단으로만 할 수 있었던 일을 대신하게 됐다

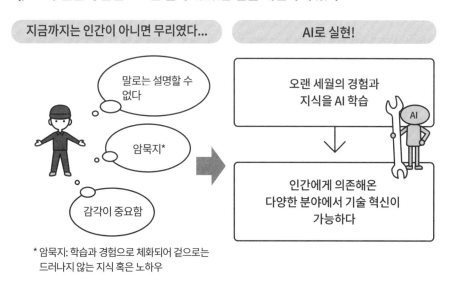

말로는 설명할 수 없다

암묵지*

감각이 중요함

오랜 세월의 경험과 지식을 AI 학습

인간에게 의존해온 다양한 분야에서 기술 혁신이 가능하다

지금까지는 인간이 아니면 무리였다...

AI로 실현!

* 암묵지: 학습과 경험으로 체화되어 겉으로는 드러나지 않는 지식 혹은 노하우

✿ AI로 '장인의 기술'을 재현할 수 있게 됐다.

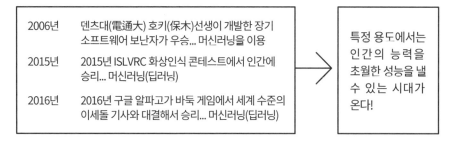

2006년	덴츠대(電通大) 호키(保木)선생이 개발한 장기 소프트웨어 보난자가 우승... 머신러닝을 이용
2015년	2015년 ISLVRC 화상인식 콘테스트에서 인간에 승리... 머신러닝(딥러닝)
2016년	2016년 구글 알파고가 바둑 게임에서 세계 수준의 이세돌 기사와 대결해서 승리... 머신러닝(딥러닝)

특정 용도에서는 인간의 능력을 초월한 성능을 낼 수 있는 시대가 온다!

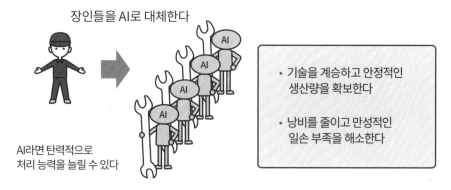

장인들을 AI로 대체한다

AI라면 탄력적으로 처리 능력을 늘릴 수 있다

• 기술을 계승하고 안정적인 생산량을 확보한다

• 낭비를 줄이고 만성적인 일손 부족을 해소한다

6-2 AI 유행은 과거부터 여러 차례 지속돼 현재로 이어졌다

과거부터 여러 차례 반복된 AI 유행

AI는 과거 몇 차례의 붐을 거치며 그 능력 수준이 높아졌습니다(다음 쪽 첫 번째 그림 참조). 그리고 지금, 마침내 전성기로의 진입 시기에 들어섰습니다.

제1차 AI 유행은 컴퓨터 게임 등에서 사용할 수 있었지만, 규칙을 규정할 수 없거나 애매한 경우는 대처할 수 없었습니다.

제2차 AI 유행은 1980년대를 정점으로 일본에서도 제5세대 컴퓨터 국가 프로젝트(1982~1992년)로 5,700억 원을 투자해 의사, 번역가 등 전문가의 지식을 컴퓨터에 이식해 현실의 복잡한 문제를 해결하는 것에 도전했습니다. 그러나 실제 응용 단계까지는 가지 못했고 추가 예산을 확보하지 못해 어려운 시기를 맞이하게 됩니다. 또한 암묵지(형상화하기 어려운 직감이나 경험)를 시스템화할 수 없다는 과제가 남았습니다.

이러한 과거의 유행을 거쳐 2000년대 초반부터는 머신러닝(ML: Machine Learning)이라는 AI 기법이 등장했습니다(다음 쪽 두 번째 그림 참조). 머신러닝이란 판단 기준을 데이터로부터 자동으로 형성하는 기술입니다. 특히 최근 몇 년 간은 일반인도 알기 쉬운 바둑이나 장기 등에 딥러닝(Deep Learning)을 적용하면서 인간의 능력을 능가하는 사건 등이 뉴스가 되면서(예: 알파고와 이세돌 기사 간의 대국) 이를 기점으로 딥러닝이 급속하게 보급되기 시작했습니다. 제2차 AI 유행 때는 극복할 수 없었던 느낌과 경험을 학습해 미지의 사례에 해당하는 과제를 연구 기관이나 AI 벤처기업들이 해결하는 데 성공하면서 실용화가 시작되고 있습니다.

AI는 '전능한 신'이 아니다

인공지능이 만능의 마법인 것처럼 오해하는 경우가 일부에서 발생하고 있습니다. 현재의 AI가 인간 능력을 상회하는 영역은 특정 분야로 적용 대상을 한정한다는 조건이 있을 경우입니다. 현재의 주요 AI는 수학적 모델을 구현할 때 활용되고 있습니다. '전능한 신'처럼 미래에 발생 가능한 정보를 미리 제시하는 것도, 실제로 일어나는 일과 AI의 예측이 100% 일치하는 것도 아닙니다.

고객으로부터 "AI이니까 100% 정확하겠지요?"라는 질문을 받았을 때 이에 편승해 "100% 정확합니다."라고 대답하는 일이 없도록 주의해야 합니다.

❇ AI에도 레벨이 있다

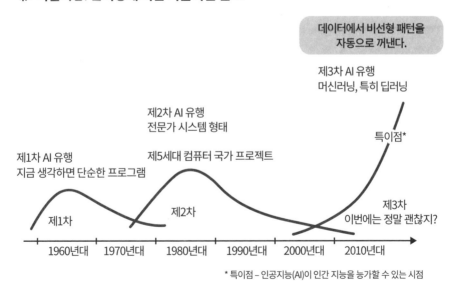

* Level 5는 미지의 분야에서도 범용 시스템이 스스로 학습한다

AI의 주요 처리 방법

AI 벤처기업 ← **Level 4** 판단 기준을 스스로 설정하며 판단한다

머신러닝
정규화되지 않은 암묵지
┌ 신경망 외
└ 신경망(딥러닝)

느낌과 경험 학습이 과제 ← **Level 3** 기준을 보다 좋은 기준으로 개선하며 판단한다

전문가 시스템 (Expert System)
체계화된 지식

최근 AI ← **Level 2** 기준에 따라 판단한다

Level 1 미리 지시된 일만 처리한다

❇ 머신러닝: 딥러닝에 의한 기술적인 진보

데이터에서 비선형 패턴을 자동으로 꺼낸다.

제3차 AI 유행
머신러닝, 특히 딥러닝

제2차 AI 유행
전문가 시스템 형태

특이점*

제1차 AI 유행
지금 생각하면 단순한 프로그램

제5세대 컴퓨터 국가 프로젝트

제1차

제2차

제3차
이번에는 정말 괜찮지?

1960년대 1970년대 1980년대 1990년대 2000년대 2010년대

* 특이점 – 인공지능(AI)이 인간 지능을 능가할 수 있는 시점

AI 도입 추진 시
제안 측과 공장 측의 고려사항

AI 도입 제안은 어떻게 진행하는가?

어떤 공장의 어느 현장에 AI를 적용하면 생산성이 높아질까요? AI의 도입은 공장 측과 AI 제공 측 양자 간의 상호이해가 충분히 이루어지지 않으면 실패합니다(다음 쪽 첫 번째 그림 참조). 도입을 위한 TFT를 여러 번 구성해 진행하고, AI의 기초 원리와 적용 영역, 영역별 적용 예상 AI 제품의 단계를 공장 측과 공유합니다. AI를 적용하기에 적합한 현장의 선택은 AI와 현장을 모두 잘 아는 핵심 인원이 실시하는 것이 좋습니다(다음 쪽 두 번째 그림 참조).

AI 적용 범위를 특정 상황 처리 용도로 좁히면 충분히 인간을 능가하는 성능을 발휘합니다. 공장 측이 요구하는 것이 도입 사례가 증가하는 영역에 대한 적용인지, 몇 년 후에나 적용 가능해질 미적용 영역인지를 사전에 명확히 공유할 필요가 있습니다.

도입 규모에 대해서도 최초부터 대규모로 진행하는 것이 아니라 작은 현장 한 군데를 공장 측이 선택해 시험적으로 도입하도록 합니다. 6개월 정도 적용을 진행하면 관계자 대부분이 체감해 본격적으로 논의를 시작할 수 있습니다.

또한 최근 AI는 학습한 패턴을 기반으로 발생하는 데이터와 비교해 일치 정도(적합도)를 추론 결과로 답변하기 때문에 기본적으로 학습에 이용된 데이터와 실제 발생 데이터가 동일하지 않은 한 100% 정확도가 될 수 없습니다. 과도하게 기대를 부풀려 예외 상황에 대한 대응이 빠진 상태에서 장애가 발생하면 도입하는 데 어려움을 겪을 수도 있습니다.

시스템 구성에 대해 어떻게 생각하는가?

IoT, 로봇 등에서 데이터를 수집해 AI 처리 시스템으로 전송 후 응답할 때까지 몇 초를 대기할 수 있는지의 지연 허용 정도에 따라 서버 구성이 달라집니다. 생산 라인의 현장이 아니면 허용할 수 없는 지연이 발생하는 경우 클라우드가 아닌 현장에 AI 서버를 두는 '엣지(Edge)' 구성을 검토할 필요가 있습니다.

다만 지연이 없는 5세대 이동 통신 시스템(5G)의 도입 시대에 시큐리티나 지연의 문제가 없는지에 대해서는 5G를 기반으로 검토합니다. 클라우드 환경으로의 구성은 시시각각 변하는 최첨단 기술을 활용할 수 있고, 장애 포인트를 단일화할 수 있어 클라우드와 엣지 하이브리드 구조를 추천합니다(다음 쪽 마지막 그림 참조).

✿ 도입을 원활하게 추진하기 위한 포인트

'작게 시작하고 핵심에 집중해 확대'
- 성공 체험을 쌓아가며 확대
- IoTxAI의 특징은 과거로 돌아가지 않는 개선의 반복
- 서두르지 않고 적용하기 쉬운 부분부터 범위를 확대

'계절별 데이터가 있는 것(분석 가능한 축적 데이터)부터 착수'
- 데이터 수집에만 연 단위로 시간이 소요되는 것은
  AI 도입 프로젝트 초기부터 어려움

✿ AI 도입 분야를 선정하기 위한 질문들

'무엇을 예측하는 것이 가장 효과가 큰가? 운영 비용과 어려움이 큰가?'
→ 경영 효과 관점

'갑자기 그만두면 곤란한 사람이 있는가?'
→ 기술 승계의 관점

'몇 년에 걸쳐 습득한 경험이 말로 설명하기 어려운 기술인가?'
→ 장인의 기술 관점

'데이터가 쌓일수록 더 활성화될 수 있는가?'
→ 데이터 축적의 관점

'부서와 관계없이 누구나 중요성 및 긴급성을 이해할 수 있는 과제인가?'
→ 조직 설득 및 교섭의 관점

'기존 센서 데이터 처리에 AI 적용 시 개선 정도가 큰가?'
→ 데이터 처리에 AI를 활용하는 관점

✿ 시스템 자원의 배치는 어떻게 할 것인가?

엣지(Edge) 구성*
- 용도: 고속라인 용도에 적합
- 장점: 빠른 처리
- 단점: 고장 시를 대비해 예비 기계 구입 필요

클라우드(Cloud) 구성*
- 용도: 빠른 라인 이외
- 장점: 최신 AI 제공, 무장애 운용 가능
- 단점: 고속 처리는 5G 적용 검토 필요

*엣지(Edge) 구성: 현장(On-Promise) 설치 구성
*클라우드(Cloud) 구성: 원격 클라우드(Cloud Computing) 구성

6-4 | 빅데이터 활용 방안과 데이터양 증가에 따른 과제

빅데이터의 의의와 과제

처리하는 데이터가 증가하면 데이터양을 고려해 설계하지 않은 일반 시스템 상태로는 처리 도중에 정지하거나(중단) 허용할 수 없을 정도로 처리에 긴 시간이 걸릴 수 있습니다. 이러한 현상을 초래하는 부하가 큰 데이터를 '빅데이터'라고 합니다. 빅데이터는 처리량이 적은 일반 시스템과는 다른 접근법으로 데이터를 처리해야 합니다.

IoT가 본격적으로 보급됨에 따라 기존 빅데이터 처리 문제 외에도 새로운 문제가 생기고 있습니다. 실시간 감시의 경우 실시간 응답이 요구됩니다. 날짜, 시간 정보(타임 스탬프)를 IoT 시스템 전체 프로세스 중 어디에서 부여하느냐에 따라 날짜 시간의 신뢰성이 달라집니다. IoT 시스템은 데이터의 전달 순서가 데이터의 발생 순서와 어긋나는 경우가 있어 AI로 학습시키는 경우 이 점을 고려해야 합니다.

IoT 빅데이터 처리는 작업자가 아니라 AI 자동 처리로

IoT 빅데이터는 데이터 과학자가 대상이나 기간을 한정해 분석할 수 있습니다. 하지만 일반적인 구성의 시스템에서도 누락되는 것이 빅데이터 처리입니다. IoT화한 모든 관리 대상을 순차적으로 작업자가 확인하는 것은 비현실적이며 IoT 빅데이터 처리를 AI를 통해 수행하지 않고 모니터링 및 판단 업무를 작업자가 하면 자동화 사이클을 구성할 수 없습니다.

빅데이터를 AI로 판단해 피드백한다

디지털 데이터 기반의 현장 구축을 위해 IoT나 태블릿 PC 등을 이용한 작업 기록 입력 시스템을 구축해 현장 상황을 '가시화'한 후, 문제는 빅데이터에서 처리합니다. 데이터양은 향후 늘어날 수는 있어도 줄어드는 것은 생각하기 어렵습니다. IoT에 AI를 결합하는 것으로 현장에서의 피드백을 자동화하고 예외 대응만 작업자가 실시하도록 시스템을 구성합니다(다음 쪽 첫 번째 그림 참조).

이렇게 함으로써 작업자는 AI로 감지되는 이상 징후를 해결하거나 중요한 문제에 집중할 수 있습니다.

✿ 수집한 정보를 AI로 처리 · 판단하고 현장에 피드백

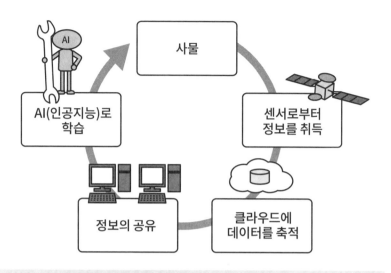

- 방대한 분석 업무 부담에서 작업자를 해방
- AI(인공지능) 학습 기능으로 최적의 방법으로 인도

✿ AI, IoT 비즈니스 활용 효과

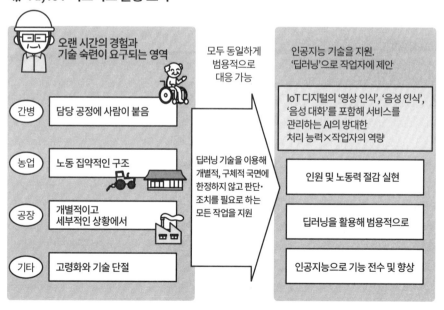

AI를 활용한 육안 검사 자동화

기존 기술의 한계와 AI를 통한 극복

공장 무인화가 진행되고 있지만, 인간 특유의 직감과 경험이 필요한 검사 공정은 시스템화가 어렵습니다. 기존 솔루션은 자동 검사 장치의 도입이었습니다. 그러나 검사 장치는 작업자가 설정한 임곗값(밝기나 길이 등이 일정한 값을 초과하는지의 경계)에 의한 제어에 의존하며, 임곗값을 설정할 수 있는 그레이존 설정이 획일적으로 되는 문제가 있었습니다.

또한 기존 절차의 검사 시스템은 복잡하고 설정이나 조정에 시간이 걸립니다. 설정을 엄격하게 하면 수율이 나빠지고 느슨하게 하면 불량이 늘어나서 결국에는 작업자의 재판정이 필요해지는 문제가 있었습니다(다음 쪽 첫 번째 그림 참조).

지금까지 검사원의 능력을 향상시키기 위한 훈련으로 한 점을 주시하지 않고 바라보는 것으로 능률을 높이는 '주변시 검사법(Peripheral Inspection)' 등의 방법으로 대처해 왔습니다. 그러나 현재 직감과 경험을 습득할 수 있는 딥러닝 기술을 육안 검사 영역에 적용한 AI 벤처가 출현해 빠르게 혁신이 일어나고 있습니다.

어떤 기술로 해결하는가?

AI를 활용한 시각 검사는 촬영 장치에 의해 화상 데이터를 수집하고 기존 시험자가 눈으로 판단하던 손상, 찌그러짐, 얼룩, 형태 이상, 조립 이상 등의 불량을 인공지능에 학습시켜 인간을 대신해서 일차적으로 식별하게 하는 구조입니다.

시험자가 직감과 경험으로 실행해온 그레이존의 불량 판정은 딥러닝을 활용하는 게 좀 더 적합한 영역으로, 시험자보다 더 정밀하게 판별할 수 있습니다.

AI에 의한 시각 검사는 작업자가 실행하는 경우와는 달리, 시간대나 요일, 컨디션 등에 따른 식별 정도의 오차가 없습니다. AI에게 화상은 하나의 데이터에 지나지 않기 때문에 센서의 종류도 묻지 않습니다. AI는 광학계뿐만 아니라 레이저나 X선 화상을 포함한 모든 화상 데이터로부터 특징을 학습할 수 있습니다. ① 불량 감지, ② 검색된 불량 분류와 더불어, 검사 기록을 남길 수 있기 때문에 공장과의 정보 공유도 용이합니다. 수치로 나타낼 수 없는 정성적인 판단은 검사 담당자에게 큰 스트레스를 주므로 AI를 통해 일하는 방법을 개혁할 수 있습니다.

✿ 기존의 자동 검사 체계에서 나온 과제

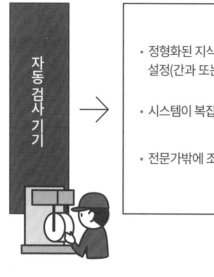

자동 검사 기기 →

- 정형화된 지식으로 검출 조건을 설정(간과 또는 과잉 검출)
- 시스템이 복잡해진다
- 전문가밖에 조정할 수 없다

→ 육안 검사를 수행해야 한다

생산 라인 도입 예 ①
외관 검사(상처, 더러움 등)
(바나나를 검사했을 경우)

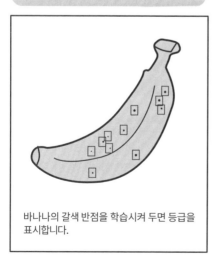

바나나의 갈색 반점을 학습시켜 두면 등급을 표시합니다.

생산 라인 도입 예 ②
X선 검사 장치와의 연동(이물 혼입)
(분체를 검사했을 경우)

X선 화상의 확인 모니터로 이물질을 식별해 처음으로 혼입된 이물질도 검지할 수 있습니다.

6-6 AI를 활용한 장비 제원 자동 설정

매개변수를 자동 설정하는 장점

양산 라인 시작 시에는 작업자가 긴 시간에 걸쳐 장비 제원(매개변수)을 설정하기 위한 시간과 비용이 필요합니다. 시간당 처리량 및 품질 기준의 균형을 맞추면서 장비에서 설정 가능한 제원의 최적값을 설정하는 것을 지금까지는 숙련된 작업자에게 의존했지만, 최근 다품종 소량 생산에 대응하기 위해 조정의 부담이 증가하고 있습니다.

이같은 제원 설정을 AI를 통해 자동으로 수행하는 것이 장비 제원 자동 설정 AI입니다. 자동 설정 AI를 도입하면 제조 장비 메이커에게도 최초 장비 설치가 쉬워집니다.

이 같은 제원의 자동 설정에는 '강화 학습'이라는 기술을 사용합니다. 강화 학습은 주어진 환경에서 어떤 구성을 선택하면 좋은 결과를 얻을 수 있는지 AI가 자율적으로 최적의 제원을 탐색하는 것입니다. 시도 결과를 토대로 조정하는 부분에 딥러닝 기술을 응용하는 것이 현재 주로 쓰는 방법입니다(다음 쪽 첫 번째 그림 참조).

자동 설정 AI 도입 시의 흐름과 포인트

자동 설정 AI를 도입할 때는 몇 가지 단계를 밟아야 합니다(다음 쪽 두 번째 그림 참조).

제원을 조정하면서 원하는 결과가 나오는지를 작업자가 판단해 조정 작업을 수행하는 경우 옳고 그름의 판정 기준을 AI에 학습시켜야 합니다. 육안으로 판단하는 것이라면 6-5절에서 설명한 시각 검사 AI의 학습을 먼저 진행합니다.

시행착오를 자동으로 여러 번 반복시키기 위해서는 시행착오의 공정을 자동화해야 하기 때문에 디지털화가 진행되지 않은 경우에는 우선 시뮬레이션 환경을 준비합니다. 시각 검사 AI는 당장 사용할 수 있지만, 이 방법은 몇 년 후에 성과가 나타납니다. 자동 설정을 실행하려는 기기의 성과물을 검사하는 공정을 AI로 전환하는 것부터 착수해야 하기 때문에 완결될 때까지 여러 해가 걸릴 것을 예상해야 합니다.

✿ 자동 설정 AI의 구조

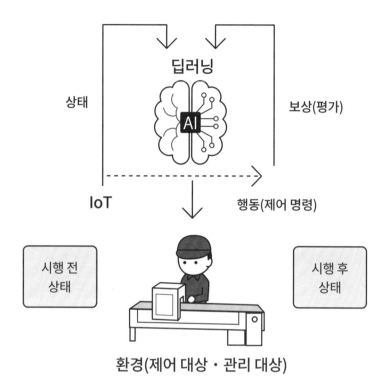

딥러닝

AI

상태

보상(평가)

IoT

행동(제어 명령)

시행 전
상태

시행 후
상태

환경(제어 대상 · 관리 대상)

✿ 자동 설정 AI를 도입하는 순서

① 판단 역할 AI의 작업

- 상태 데이터 수집 자동화(IoT계+제어 장치 데이터계)와 데이터 자동 처리 AI
- 시행 평가인 보수 계산 자동화

② 감독 역할 AI의 작업

상태와 보수를 분석해 어떻게 행동할지를 계산하는 방안을 '자동 조정'이라고 한다

③ 희망 품질이나 처리 속도를 넣으면 설정 파라미터의 최적치를 자동 설정

협동 로봇과 동작의 자율 학습

안전 펜스가 없는 협소한 공간에서도 작업이 가능한 협동 로봇(서비스 로봇)의 대두와 함께 로봇 동작의 자율 학습에 관심이 집중되고 있습니다(다음 쪽 첫 번째 그림 참조). 협동 로봇은 '규정된 협동 작업 공간에서 인간과 직접적인 상호 작용을 하도록 설계된 로봇'으로서 'ISO10218-1:2011'로 정의합니다.

산업용 로봇은 양산 공정에 사용돼 왔기 때문에 동작 궤도를 모두 미리 결정해 설정해도 도움이 됐습니다. 그러나 처음부터 작업자 기반 산업에 적용하는 것을 목표로 하는 협동 로봇에서는 사전에 정의된 동작 외에 인간에 가까운 유연한 동작 학습을 필요로 합니다.

동작 학습을 실제 현장에 적용하는 경우 시뮬레이터를 준비하기가 쉽지 않습니다. 따라서 표본의 움직임을 바탕으로 그럴듯한 움직임을 시뮬레이션하는 AI와 판단하는 AI와의 상호 작용에서 동작의 기준을 획득하는 모방 학습을 이용하는 것이 중요합니다.

그러나 위험 동작을 고려하지 않은 단순한 모방 학습은 언뜻 보면 지성적으로 보이기 때문에 오히려 위험합니다. 안전을 배려하고 사람에 대한 위험한 동작을 기피하도록 손실 함수를 설정해 학습을 진행해야 합니다. 추후 이것은 옷을 만드는 봉제 공장 등 산업용 로봇이 대응하지 않는 영역에 활용될 것으로 기대됩니다.

반송 로봇의 활용 및 안전장치

공장 내에서 부품 등의 이동에 사용되는 반송 차량의 자동 운전도 검토하고 있습니다. 건물 내부에서는 GPS를 사용할 수 없기 때문에 라인 트레이서를 사용하거나 자기 위치를 확인하기 위해 'SLAM'(Simultaneous Localization and Mapping)으로 자동 매핑합니다. AI에 의해 다음 작업을 앞질러서 예측하고 사용될 것 같은 것을 수중에 전달하는 자동 정렬 AI와 결합하면 효율이 향상됩니다. 협동 로봇이나 자동 반송 차량은 위험성 평가(Risk Evaluation)를 적절하게 할 필요가 있습니다. 작업자에 대한 주위 환기뿐만 아니라 본질적인 안전 대책 및 추가 보호 방안을 철저하게 실시해야 합니다.

✿ 인간과 같은 공간에서 인간에 가까운 작업을 하는 협동 로봇

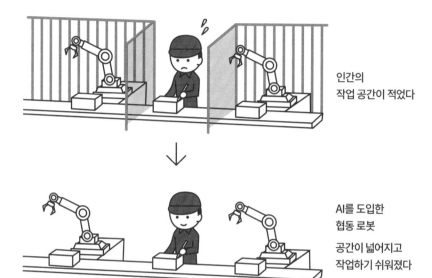

AI의 도입으로 로봇의 안전 울타리가 불필요하다

인간의
작업 공간이 적었다

AI를 도입한
협동 로봇

공간이 넓어지고
작업하기 쉬워졌다

로봇 동작 설정 종류

① 모든 사람이 동일 학습을 통해 준비된 동작을 설정(기존)

② 훈련을 기반으로 AI 학습

③ 훈련 없는 AI 학습(※)

※ 모든 교육을 하지 않는 것은 아니고, 시스템 설계자가 AI를 연구한 곳에서 이미 관련 행동을
  학습했다는 의미

● 협동 로봇의 ISO 안전 규격
노동 안전 위생법 및 노동 안전 위생 규칙에 표시된 ISO10218-1, ISO10218-2 ISO/TS15066에 대한 적합성
선언(80W 이상의 모터 출력의 경우)
※ 80W 미만의 경우도 미래에 적합해야 하므로 ISO의 취지를 근거로 안전하게 충분히 고려

(출처) '기능 안전 활용 실천 매뉴얼'(일본 후생 노동성•중앙 노동 재해 방지 협회)

6-8 AI를 활용한 불량 원인 분석

어떻게 문제에 대처하고 무엇을 지향하는가

불량이 발생한 경우 사건, 원인, 대처법, 대책을 제시하는 '불량 원인 분석'에 AI를 활용할 것을 기대하고 있습니다. ①'불량 분류', ②'이상 감지', ③'문서 검색', ④'자동 기록'으로 나눠 설명합니다.

① **불량 분류** 불량 분류를 AI에 맡기면 불량을 발생시키는 원인 공정을 신속하게 정지하고 대책을 실시한 후에 재가동함으로써 손실율을 낮출 수 있습니다. 이미 잘못된 데이터가 있는 경우 신속하게 AI에 의한 학습을 시작할 수 있습니다. 이미지를 육안으로 불량 분류하는 경우는 딥러닝에 의한 방법으로 해결할 수 있습니다(6-5절 참조). 센서 데이터를 얻을 수 있는 경우도 불량 사례를 딥러닝시키는 것으로 분류할 수 있습니다(6-9절 참조).

② **이상 감지** 불량 발생에 따른 부작용이 언제 어디서 발생했는지를 센서 데이터에서 AI로 추출합니다. 모르는 게 없는 천재 장인도 IoT에서 수집된 빅데이터를 분석하는 것은 어려운 일입니다. 인간의 처리 능력을 넘어버린 경우도 있습니다. AI는 단시간에 이상을 감지할 수 있습니다(다음 쪽 두 번째 그림 참조).

③ **문서 검색** 기존 시스템에서는 도입 시 현장에 방대한 인터뷰 부담이 가는 데 비해 비용 대비 효과가 떨어지는 정보밖에 얻을 수 없는 것이 문제였습니다. AI를 이용하면 불량이 발생했을 때 과거의 문서 데이터에서 관련 정보를 손쉽게 이용할 수 있고 다른 계통의 지식 체계에서도 연관 지식을 발견하는 등 힌트를 얻을 수 있습니다(다음 쪽 첫 번째 그림 참조).

④ **자동 기록** 작업 장면을 촬영해 불량 원인을 분석하기 위한 기초 데이터를 AI를 통해 자동 생성하고 축적하는 일도 진행 중입니다. 노동 시간 단축 근무가 확산되는 현재, 지식을 정리하기 위한 업무 시간은 더욱 제한적입니다. 일상 작업 과정을 통해 특별한 노력을 기울이지 않아도 이미지 및 동영상 분석을 활용해 데이터를 수집하는 방법도 등장했습니다(다음 쪽 마지막 그림 참조).

✿ 불량 원인 분석에 AI를 활용

텍스트마이닝 기술을 이용해 불량 원인을 조사

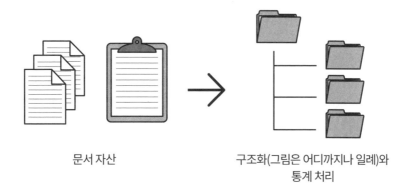

문서 자산

구조화(그림은 어디까지나 일례)와
통계 처리

이상 검사 및 인지에 이용

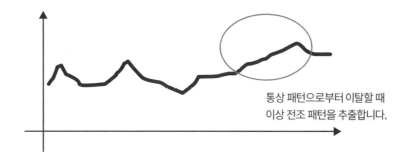

통상 패턴으로부터 이탈할 때
이상 전조 패턴을 추출합니다.

작업 보고 자동 생성에 이용

태그(식별 데이터)
자동 생성

일련의 동작 중에 문제가 될 수 있는 포인트를
AI로 인식해 작업 이력을 자동 생성합니다.

6-9 AI를 활용한 설비 보전

AI로 기존 방법으로는 한계가 있었던 설비 보전에 도전

설비의 정기 점검은 고장을 미연에 방지하기 위해 실시하지만, 불의의 고장은 완전히 예방할 수 없습니다. 설비가 갑자기 고장 날 경우, 생산 계획이 무너져 수리 비용도 늘어납니다. 고장 대응을 위해 시간 외 근무를 해야 하는 경우가 많아 업무 문화 개선의 관점에서도 문제가 됩니다(다음 쪽 첫 번째 그림 참조). 또한 고장까지는 아니더라도 어떠한 원인으로든 설비가 짧게 멈추는 '초코 정지[7]'는 큰 손실로 연결됩니다.

예전부터 설비 가동률을 높여 생산성을 향상시키기 위해 '고장을 예측하고 싶다', '가동 중단의 원인을 분석해 대책을 실시하고 싶다'는 요구가 있었습니다. IoT를 통해 설비가 고장 난 것을 알 수는 있지만, 예방은 할 수 없습니다. 여기에 AI를 이용해 고장이 일어나는 전조 패턴을 학습하고 장애 이전에 예측해 경고하는 기술의 개발이 진행되고 있습니다(다음 쪽 가운데 그림 참조).

다양한 센서로부터의 정보로 불량품의 전조를 파악

설비 보전은 다양한 센서 네트워크에서 시계열 환경 빅데이터를 모아 '가시화'하는 것만으로도 효과가 나타납니다(6-4절 참조). 거기에 다양한 기법으로 요인을 분석하고 딥러닝을 이용해 예측할 수 있습니다.

IoT 센서 기기는 기계 동작 상태 자체를 알기 위한 센서와 예지를 행하기 위한 센서를 모두 설치합니다. 관리 기계 장치의 동작 상태로 가동을 시작하면 온도가 급상승하고 온도 센서 등에서 발생 시간을 특정할 수 있습니다. 게다가 동작 여부의 예측 패턴을 AI에 학습시켜 예측에 따른 경고를 할 수 있습니다(다음 쪽 마지막 그림 참조).

예측 패턴을 학습하는 방법에는 사용 센서, 진동 센서 등을 중심으로 실행하는 방식과 음성 센서를 중심으로 실행하는 방법이 있습니다. 진동 센서는 회전 기계를 내장한(즉, 진동이 발생하는 축이 있는 장치)에 사용됩니다. 방식에 따라 각각 장단점이 있기 때문에 설치 환경의 특징을 고려해 선정해야 합니다.

---

7 초코 정지(チョコ停, short time breakdown) – 짧은 시간에 정지가 발생하는 것.

✿ 관리 점검 업무에 AI/IoT의 도입 효과

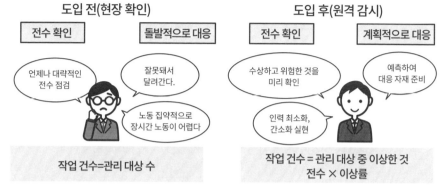

도입 전(현장 확인)

전수 확인   돌발적으로 대응

언제나 대략적인 전수 점검

잘못돼서 달려간다.

노동 집약적으로 장시간 노동이 어렵다

작업 건수=관리 대상 수

도입 후(원격 감시)

전수 확인   계획적으로 대응

수상하고 위험한 것을 미리 확인

예측하여 대응 자재 준비

인력 최소화, 간소화 실현

작업 건수 = 관리 대상 중 이상한 것
전수 × 이상률

(출처) ad-dice

✿ 설비의 불량품을 AI로 학습시킨다

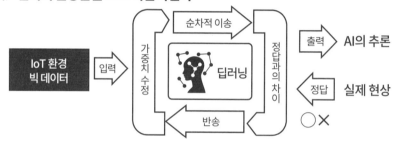

IoT 환경 빅 데이터

입력

가중치 수정

순차적 이송

딥러닝

정답과의 차이

출력 → AI의 추론

정답 → 실제 현상

반송

○ ×

✿ AI를 활용한 순회 검사는 돌발 고장을 예방

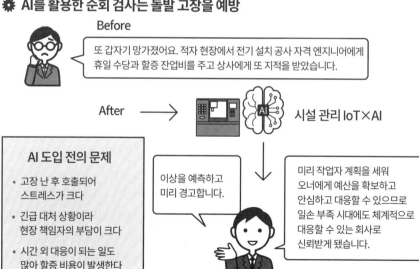

Before

또 갑자기 망가졌어요. 적자 현장에서 전기 설치 공사 자격 엔지니어에게 휴일 수당과 할증 잔업비를 주고 상사에게 또 지적을 받았습니다.

After →

시설 관리 IoT×AI

AI 도입 전의 문제

• 고장 난 후 호출되어 스트레스가 크다

• 긴급 대처 상황이라 현장 책임자의 부담이 크다

• 시간 외 대응이 되는 일도 많아 할증 비용이 발생한다

이상을 예측하고 미리 경고합니다.

미리 작업자 계획을 세워 오너에게 예산을 확보하고 안심하고 대응할 수 있으므로 일손 부족 시대에도 체계적으로 대응할 수 있는 회사로 신뢰받게 됐습니다.

6-10 RPA는 화이트칼라(사무직) 업무의 효율화 · 자동화 방안

RPA는 작업자를 보완하는 업무를 수행

RPA(Robotic Process Automation)는 AI, IoT, FinTech 등 제4차 산업혁명의 주요 기술 중하나로, 주로 사무직 업무의 효율화 및 자동화에 사용됩니다. AI 등의 인지 기술을 활용해 작업자를 보완하는 업무를 수행할 수 있는 '디지털 노동자'(Digital Labor)라고도 합니다(다음 쪽 첫 번째 그림 참조).

그 특징은 PC에서 실제 작업자들이 실행하는 조작이나 작업을 디지털 매체에 기록하고 이를 재현함으로써 결과적으로 사람의 작업을 대체하는 기술입니다. 인간과 비교해서 작업 속도, 품질, 원가 모두에서 압도적인 생산성을 실현할 수 있는 것도 '디지털 노동자'로 불리는 또 다른 이유입니다. 'RPA', '디지털 노동자'라는 단어에 대한 정확한 정의는 없기에 일종의 유행어(Buzzword)라고 할 수 있습니다.

RPA를 또 다른 HR(인적 자원)으로 보는 것

RPA는 애플리케이션이나 데이터의 조작 등 작업자가 실행하는 키보드나 화면 조작을 전용 소프트웨어(RPA 도구)에 의해 '기록'하는 것으로, 그 조작 작업을 '재현'할 수 있는 디지털 매체(디지털노동자)를 작성합니다.

현재 많이 사용되는 RPA 도구는 RPA라는 말이 나오기 이전부터 존재했고, 실제 시스템 시험 자동화, 매시업 등 다른 용도로 만들어진 것을 RPA의 '기록', '재현' 기능에 따라 응용한 것입니다. 따라서 RPA는 IT라기보다는 HR(Human Resource)로서의 새로운 관리 기술로 사용될 것입니다. RPA에 성공하려면 많은 디지털 노동자를 가동시키고, AI를 결합해 고도화를 추진하려는 시도가 중요합니다(다음 쪽 아래 표 참조).

일본에서는 RPA라는 용어가 없다가 2007년경부터 사용하기 시작했고 2016년에는 본격적으로 적용되기 시작했습니다. 현재는 생산 노동 인구의 감소라는 환경, IT 투자의 한계, 일하는 방식 개혁을 배경으로 RPA가 일본 전역에 폭발적으로 확산되고 있습니다. 2017년에는 상장 기업의 10% 이상이 RPA를 도입하고 있으며 평가 검토를 포함하면 전국적으로 기업의 규모와 상관없이 그 필요성이 커지고 있습니다.

✿ RPA란?

작업자가 수행해오던 정보시스템의 조작을 RPA툴로 기록하여 디지털 노동자(디지털 봇: 자동으로 사무 작업을 수행하는 컴퓨터)를 통해 실행한다. 종래는 사람이 아니면 할 수 없는 작업들이 디지털 기술에 의해서 컴퓨터로 자동으로 작업할 수 있게 된다.

기존에 실행해오던 업무 프로세스나 정보 시스템에 아무런 영향을 미치지 않게되므로 도입이 용이하고, 즉각적인 효과성 면에서 기대가 높아지고 있다.

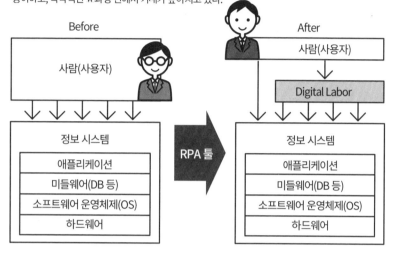

✿ 디지털 노동자의 고도화 모델

RPA 단체(STAGE 1)는 이미 보급기
향후에는 주변 기술과의 제휴에 의한 차세대 디지털 노동자로의 진화가 가속된다.

STAGE		핵심 기술	보급도	획득 효과
STAGE1	Basic	RPA	일반적으로 보급	PC상의 일부 정형 업무 효율화
STAGE2	Cognitive	RPA+인식 기술	선진 기업에서 실용화	PC상의 정형 업무로부터 해방
STAGE3	Intelligence	RPA+약한 AI	기술적으로 실현 가능	의사결정의 정확도 향상 · 합리화
STAGE4	Evolution	RPA+강한 AI	장기적 전망	인간만이 할 수 있는 업무에 집중
STAGE5	Android	RPA+물리적 신체		

(출처) 일본 RPA 협회•아빔 컨설팅사(アビームコンサルティング社)

6-11 RPA의 특징과 그 효과를 내는 방법

RPA는 왜 붐을 일으키고 있을까?

AI, IoT, 핀테크, 블록체인 등의 기술 보급이 진행되는 가운데, RPA는 일본 전국에서 엄청난 속도로 업무에 투입되고 있습니다. 침투 이유는 다음의 4가지를 생각할 수 있습니다.

1. **기술적인 장벽이 낮다.** 기록·매크로 기능이며, 프로그래밍할 필요가 없기 때문에 엔지니어가 아니어도 습득하기가 쉽습니다.

2. **경영 효과를 극대화하고 즉각적인 효과가 있다.** 디지털 노동자는 일반 근로자와 비교하면 서비스 수준, 품질, 비용에서 압도적인 생산성을 창출합니다.

3. **노무 문제가 없다.** 고용주의 입장에서 보면 24시간 365일 쉬지 않고 일하고 불평도 하지 않기 때문에 이직 방지나 근태 환경, 구조 조정 등 신경이 많이 쓰이는 노무 과제에서 완전히 해방됩니다.

4. **생산 노동 인구의 감소에 대한 대책이 된다.** 특히 지방을 중심으로 생산 노동 인구의 감소 추세가 가속화되는 가운데 디지털 노동자는 직접적이고 즉효성이 있는 해결 수단으로서 기대가 높아지고 있습니다.

이상에 의해 관리 기술로의 RPA의 본질은 'RPA 도구'로서의 가치가 아니라 편리한 슈퍼 노동자로서 이해하고 활용해 나가는 것에 있습니다.

RPA 경영 기술은 필연적인가?

RPA 없이 IT 개발을 하면 되는 것 아니냐는 의견이 있을지도 모릅니다. 필자 생각에도 IT 투자를 하면 RPA는 필요 없습니다.

지속적인 문제는 IT화에 의해 해결할 수 있는 과제, 즉 실현 가능한 요구 범위가 극히 제한적이라는 점입니다(다음 쪽 아래 그림 참조). 즉, IT화하기 어려운 과제와 요구는 결국 작업자가 처리할 수밖에 없고 지금까지는 그런 과제의 해결이 더뎠습니다. 결국 이 문제를 해결하는 '디지털 노동자'의 출연은 필연적이라고 말할 수 있습니다.

✿ RPA 도구와 디지털 노동자의 관계

> 디지털 작업자는 사람과 정보 시스템을 연결해서 사람의 작업을 대신한다.
> 기존 업무 시스템 변경 불필요, 압도적 노동 생산성.

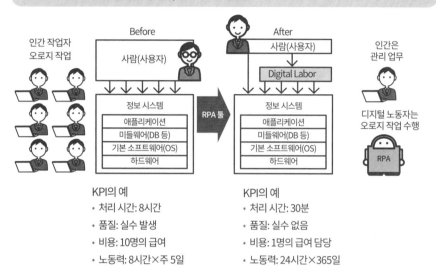

KPI의 예
- 처리 시간: 8시간
- 품질: 실수 발생
- 비용: 10명의 급여
- 노동력: 8시간×주 5일
- 매니지먼트: 고용 유지 관리

KPI의 예
- 처리 시간: 30분
- 품질: 실수 없음
- 비용: 1명의 급여 담당
- 노동력: 24시간×365일
- 매니지먼트: 영원히 일한다

✿ 디지털 노동자가 효과를 발휘하는 것은 언제일까?

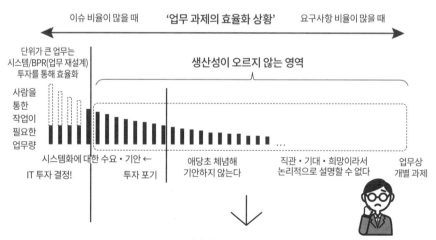

RPA · 디지털 노동자에 의해 처음으로 해결

6-12 RPA의 활용 사례 ① STAGE1~STAGE2

RPA의 발전 모델

최신 RPA 발전 및 성숙 모형으로 일반화와 고도화에 성공한 사용자 케이스의 집적 및 분석에 근거하는 'DIGITAL LABOR STAGE' 모델(RPA 협회 이사 아빔 컨설팅 회사 구상)은 RPA의 본질에 따른 현실적이고 유용한 경영 기술 모델로 평가받고 있습니다(2017년 닛케이 우수 제품 서비스상 최우수상 수상).

이하 활용 사례로 가장 케이스가 많은 STAGE1과 STAGE2를 소개하겠습니다.

DIGITAL LABOR STAGE1

조직 전체에서 사람이 직접 실행하는 '반복적인 작업'이 현재 가장 빠르게 적용되고 있는 디지털 노동자 영역입니다. 이 작업 영역은 매우 명확하지만, IT화하기 어렵고 인간이 반드시 작업할 필요가 없는 영역입니다.

제조업에서도 부서와 관계없이 단순 작업 영역인 간접 사무 부문이 많은 것이 특징입니다.

DIGITAL LABOR STAGE2

주로 'Cognitive'(인식) 기술의 진화와 일반화에 따라 STAGE1 로봇에 기능을 추가함으로써 고급 작업을 대행합니다. 현재 이 영역에서 차지하는 비율이 가장 많은 것은 서류나 종이 문서를 담당하는 로봇입니다. 기술의 진화에 의해 양식화된 장표의 QCR뿐만 아니라 비정형 장표, 기회학습 검사, 필기체 인식 등 인간에 의한 인지 판단으로밖에 할 수 없었던 프로세스를 대행할 수 있게 됐습니다.

아이디어가 보물

디지털 노동자에 어떤 작업을 시킬지를 기획하는 것은 해당 사업이나 업무에 숙련된 사람이 잘할 수 있으며, 그 사업이나 업무에 대한 문제를 해결하고자 하는 이런 인재야말로 RPA의 성공에 빼놓을 수 없는 중요한 요소입니다. 현재의 현장 업무 목표 달성에 최선을 다하고 결과를 창출하고

자 하는 인재가 중심이 되어 만들어진 다양한 아이디어 기반의 디지털 노동자에 의해 혁신이 가속화되고 있습니다.

✿ RPA를 활용한 근태 정보 등록 · 체크 업무

- 종이에 기재되는 근무표 근태 시스템 반영
- 계획 외 잔업 및 이상치 검토

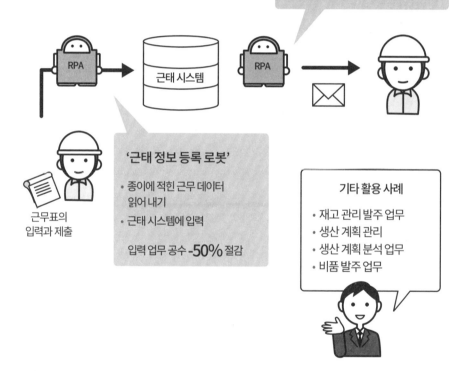

'근태 체크 로봇'

- 로봇이 근태 시스템에 로그인
- 설정 정책에 따라 정기적으로 이상치를 체크, 감독자에게 통지

이상 검지 누락 · 미스 **0%**

근무표의 입력과 제출

'근태 정보 등록 로봇'

- 종이에 적힌 근무 데이터 읽어 내기
- 근태 시스템에 입력

입력 업무 공수 **-50%** 절감

기타 활용 사례

- 재고 관리 발주 업무
- 생산 계획 관리
- 생산 계획 분석 업무
- 비품 발주 업무

RPA의 활용 사례
② STAGE3

공장에 STAGE3 등장

최근에는 금융 부문이나 제조업 또는 공장 현장에서 AI와의 융합을 통해 RPA 활용이 보편화되고 발전하고 있습니다. 특히 AI는 인력 부족과 숙련된 노동자의 고령화 문제를 해결하기 위해 공장에서 활용되고 있습니다. 그러나 RPA와의 통합으로 보다 실용적인 과정이 적용되기 시작했습니다.

수요 예측 로봇과 고장 탐지 로봇

생산 및 판매 계획에서 중요한 수요 예측 처리에 있어 다양한 기간계 시스템으로부터 데이터를 추출·가공·집계하는 등의 전처리 업무와 수요 예측 결과 및 제휴 등의 후처리 업무에 대해서 애플리케이션 개발이나 작업자 업무 처리만으로는 지금까지 한계가 있었습니다. 디지털 노동자가 대행함으로써 프로세스 처리 비용을 줄이고 분석 데이터양의 증대에 따른 예측 AI 모델의 정확도와 예측 정도의 향상으로 전체 비용 절감에 기여하고 있습니다.

한편, IoT나 AI가 활성화되고 있는 대표적인 사례는 고장 검사 식별이나 현장 예측이라고 생각합니다. 디지털 노동자는 IoT 기기를 비롯해 처리와 관련있는 모든 IT와의 연결을 용이하게 하기 위한 작업자의 데이터나 IT 간 업무를 대행함으로써 장비 상태를 모니터링하고 예측, 판단, 실행하는 등 일련의 작업을 일괄적으로 자동 처리하고 있습니다.

AI는 RPA(디지털 노동자)에 의해 활용된다

RPA의 본질은 디지털 노동자이며, 고도의 기술을 조작하는 사람에 의해 설정 및 운영되고 있습니다. 왓슨[8](WATSON)을 시작으로 하는 검색 기능 계통 AI, 예측과 검지, 추천 계통 AI 등 여러 가지 용도로 만들어진 고도의 AI도 데이터 입출력 작업의 과제와 결과, 처리하는 분석 대상 데이터양의 문제에 따라 능력이 달라집니다. 디지털 노동자가 이들 과제를 해결함으로써 그 능력을 최대화할 수 있고 전체 프로세스의 자동화를 실현할 수 있습니다.

---

[8] 왓슨(WATSON) – IBM의 인공지능

� RPA×AI 솔루션의 체계(검토 중)

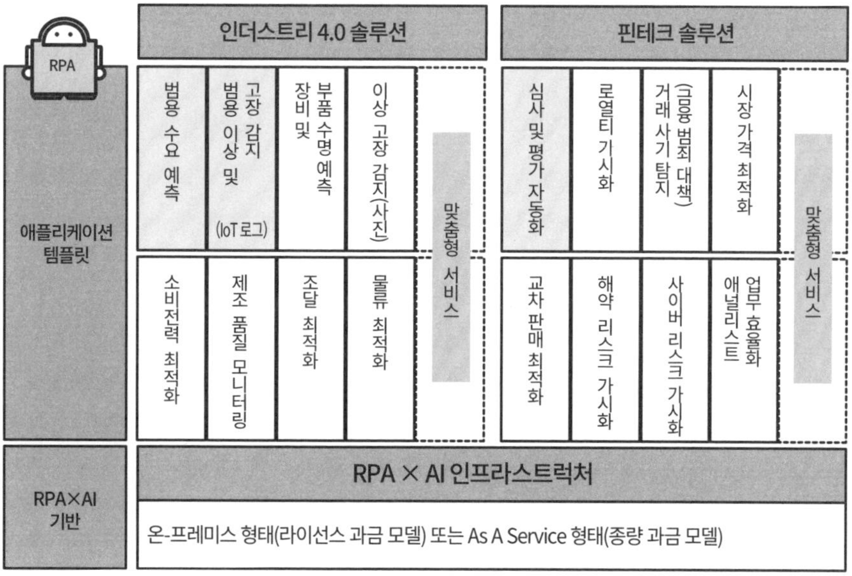

	인더스트리 4.0 솔루션					핀테크 솔루션				
애플리케이션 템플릿 (RPA)	범용 수요 예측	범용 고장 이상 감지 및 (IoT 로그)	장비 및 부품 수명 예측	이상 고장 감지(사진)	맞춤형 서비스	심사 및 평가 자동화	로열티 기시화	거래 사기 탐지 (금융 범죄 대책)	시장 가격 최적화	맞춤형 서비스
	소비전력 최적화	제조 품질 모니터링	조달 최적화	물류 최적화		교차 판매 최적화	해약 리스크 가시화	사이버 리스크 가시화	업무 효율화 애널리스트	
RPA×AI 기반	RPA × AI 인프라스트럭처									
	온-프레미스 형태(라이선스 과금 모델) 또는 As A Service 형태(종량 과금 모델)									

✲ RPA에 의한 산업용 기계 부품의 고장 검지

목적
총괄 관리자가 복수 공장의 가동 상황과 고장 검지를 집중 관리하는 구조
RPA아 AI를 활용해 로봇의 부품 고장 원인을 예측(윤활유, 기어 등)하고 관리자에게 자동 경고

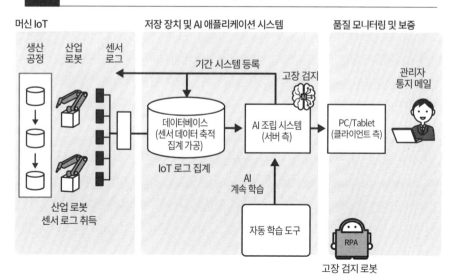

미래의 '스마트공장'은 어떻게 변화할까?

공장의 지능화는 앞으로도 수십 년에 걸쳐 '협동 로봇', '금속 3D 프린터', 'IoT', 'AI', '빅데이터 처리', 'RPA(Repeat Process Automation)' 등의 분야에서 기술적으로 심화가 진행될 것으로 예상합니다.

가상의 대형 전기 기기 공장을 예로 들어 미래의 공장 진화를 가정해 봅시다.

과거 이 공장에는 약 1,000명의 공장 작업자가 있었지만, 미래의 20XX년에는 약 20분의 1인 50명의 '장인의 일(축적된 지식 경험의 일)'을 하는 작업자(정밀 가공, 검사 요원 등)만 남을 것입니다. 시간이 지나 이러한 작업자들 역시 고령화가 진행되고 IoT와 AI 기술 활용이 지속적으로 진화되어 이제 공장 작업자 제로의 무인 공장이 됐습니다. 기계 설비 유지 보수 인력도 높은 수준으로 지능화된 장애 예측 정확도로 24시간 이전에 고장 예지가 가능한 구조가 됐습니다. 결국 여러 공장을 커버하는 보수 거점 한군데만 대기 근무할 수 있게 공장별 유지 보수 인원이 사라졌습니다.

공장 관리를 하는 '생산관리', '구매 및 재고 관리', '창고 관리', '원가 관리', '인사 관리' 등의 공장 인원도 IT화, IoT, RPA 활용으로 제로가 됐습니다. 그 결과 공장 직원은 공장장과 그 보좌역인 부공장장 2명만 남았습니다. 공장장의 역할은 마치 비행기를 조종하는 조종사처럼 무인화 공장을 계기판으로 모니터링하는 공장 조종사입니다. 12시간씩 2교대인 경우 공장 직원은 총 4명으로 운영됩니다.

게다가 각 공장이 개별적으로 진화해 나가는 것은 한계가 있기 때문에 약 20년 전부터 주요한 부품 공장 및 반제품 공장, 제품 공장의 협업 강화가 진행돼 넓은 면적의 공장 부지에 집합 공장 단지를 구상해 설계했습니다. 여러 기업이 단일 공장 부지에 모여 제품 공장을 중심으로 하는 공장 단지가 생겼습니다. 공장 부지 내에는 기능별로 생산 기술 연구소, 제품 개발 센터 등이 있고, 공장 관제 센터에서는 공장 무인 운전 모니터링 및 원격 모니터링을 실시하고 있습니다.

미래 '스마트공장'의 주요 KPI 그림을 상상해 보면 'S(Safety, 안전): 부상 및 사망 사고 공장 조업 이래 제로', 'Q(Quality, 품질): 불량률 제로', 'C(Cost, 비용): 제품 코스트 3분의 1(10년 전 대비)', 'D(Delivery, 납기): 납기 준수율 100% 재고 회전율 10년 전 대비 3배'라고 돼 있을 것입니다.

마츠바야시 미츠오(松林光男)

07장

제조업이 살아남기 위한
글로벌 IT 전략

7-1 일본 제조업의 과제는 품목 코드 번호지정 시스템

일본 제조업의 커다란 과제

제조업의 글로벌화 추세에 따라 '단일품목 단일품목 코드'(2-5절 참조)의 중요성이 높아지고 있습니다. 그러나 일본 제조업에서는 여전히 '단일품목 단일품목 코드'를 적용하는 기업이 적어 제조업의 글로벌화에 큰 걸림돌이 되고 있습니다. 원인으로 다음 5가지 이유를 들 수 있습니다.

'체계' 적용이 어려운 이유

① '의미 기반 품목 코드 체계'를 사용한다 – 의미 기반 품목 코드 체계는 불변 속성 및 가변 속성의 두 종류의 속성을 포함합니다. 불변 속성은 품목의 형상이나 크기, 재질 등으로 변경되지 않지만, 가변 속성은 조립하는 제품, 구입처 등으로 개발 기업과 생산 기업에 따라 속성이 변경되기 때문에 '단일품목 단일품목 코드 체계'를 적용하기가 어렵습니다.

② 코드 발행 기업에 의해 코드지정 규칙이 바뀌는 경우가 있다(여러 기업에서 같은 부품에 다른 코드를 지정한다) – 코드 발행 기업이 다르면 동일한 부품에 다른 품목 코드를 발행하는 경우가 있습니다. 제조업체들이 하나의 코드 발행 규칙을 가지고 있어도 지켜지지 않는 경우가 있습니다. 품목 코드의 내용이 같아도 속성의 위치가 다르면 전혀 다른 품목 코드가 됩니다.

③ 코드 발행 지원시스템이 구축돼 있지 않다 – 신제품 개발 및 설계 변경으로 새로운 품목이 생겼을 때 코드 발행 규칙에 따라 품목 코드를 붙이는 정보 시스템의 지원이 있거나 기존 품목 중에서 유사품 또는 추천 상품을 찾을 수 있는 검색 시스템이 있으면 단일품목 단일품목 코드의 원칙에 따라 참조하기가 쉬워 좀 더 효율적으로 코드를 발행할 수 있습니다.

④ 품목 표준화 및 공용화를 추진하는 체계가 없다 – 제조회사에서는 수만 개에서 많게는 백만 개 이상의 품목을 과거 상황에 따라 발행한 품목 코드로 관리하고 있습니다. 이 중에는 동일한 품목이면서도 각기 다른 품목 코드가 붙은 원재료 및 부품이 많습니다. 이러한 품목 코드를 표준화 및 공통화하면 품목 코드를 축소할 수 있습니다.

다음 절에서 이러한 대책에 대해 살펴보겠습니다.

✿ 단일품목 단일품목 코드 체계가 적용되지 않는 이유

① '의미 기반 품목 코드'를 적용하고 있음

AAA 234 BBB 555 KKK

치수   재질   조립하는   구입처
(불변 속성) (불변 속성) 제품   (가변 속성)
                  (가변 속성)

> 가변 속성이 '단일품목 단일품목 코드 체계'를 무너뜨리는 원인일 수도...

② 코드 발행 기업에 따라 코드 발행 규칙이 바뀔 수 있다

A 기업의 코드 발행 규칙

AAA 234 BBB 555 KKK

치수   재질   조립하는   구입처
                   제품

B 기업의 코드 발행 규칙

234 AAA BBB 555 KKK

치수   재질   조립하는   구입처
                   제품

> 치수와 재질의 위치를 바꾸면 다른 품목 코드가 되는 상황이니...

③ 코드 발행 지원 시스템이 구축돼 있지 않다

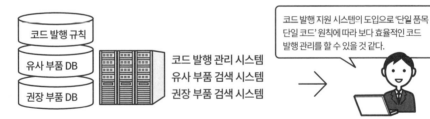

코드 발행 규칙

유사 부품 DB

권장 부품 DB

코드 발행 관리 시스템
유사 부품 검색 시스템
권장 부품 검색 시스템

> 코드 발행 지원 시스템이 도입으로 '단일 품목 단일 코드' 원칙에 따라 보다 효율적인 코드 발행 관리를 할 수 있을 것 같다.

④ 부품 표준화 및 공통화 추진 체계가 없다.

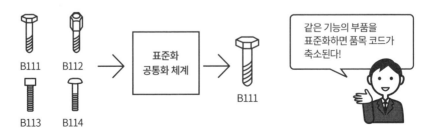

B111   B112 → 표준화 공통화 체계 → B111

B113   B114

> 같은 기능의 부품을 표준화하면 품목 코드가 축소된다!

미국 기업의 선진 사례 배우기 – 글로벌 코드 발행 센터

품목별 단일품목 코드 발행 방안

품목별 단일품목 코드 발행 방안에 대한 미국 기업의 선진 사례를 소개합니다. 이 회사는 미국, 유럽, 일본에 제품 개발 거점과 생산 거점이 있는 글로벌 기업입니다. 기업의 글로벌 품목 코드 발행 시스템을 소개하기 전에 앞에서 설명한 '품목별 품목 코드'가 실현되기 어려운 4가지 상황을 어떻게 해결하고 있는지 확인해 보겠습니다.

미국 기업의 선진 사례

다음쪽 중간에 있는 그림에 표시한 코드 발행 센터의 구조를 참고해서 설명합니다.

1. 각 거점은 새로운 품목이 발생하고 코드 발행 필요가 발생하면 그 품목의 스펙(사양, 도면 등)을 첨부해 글로벌 코드 발행 센터에 코드 발행을 요청합니다.

2. 코드 발행을 요청받은 글로벌 코드 발행 센터에서 요청된 것과 동일한 스펙의 품목이 글로벌 품목 마스터에 등록돼 있는지 확인합니다. 동일한 스펙의 품목이 등록돼 있으면 해당 품목의 품목 코드와 스펙을 회신합니다.

3. 동일 스펙의 품목이 등록돼 있지 않으면 동일한 기능을 가진 유사품이나 추천 품목이 있는지 확인하고, 해당 추천 대상 품목이 등록돼 있으면 해당 품목의 품목 코드와 스펙을 회신합니다.

4. 유사품이나 추천 품목이 없는 것이 확인되면 처음 요청된 품목 코드를 발행하고 요청해온 거점뿐만 아니라 전 세계의 거점에 해당 품목의 품목 코드 및 스펙(사양, 도면 등) 정보를 전달해 글로벌 품목 마스터에 새로운 품목이 등록된 것을 공유합니다.

이상과 같이 '의미 없는 품목 코드 발행'과 '글로벌 코드 발행 센터의 설치'가 성공 요인인 것을 알 수 있습니다.

✿ 미국 선진 기업의 품목별 단일품목 코드 발행 방안

일본 제조업의 문제	미국 제조업의 선진 사례
① '의미 기반 품목 코드'를 적용	'의미 없는 품목 코드'를 적용해 속성에 영향을 받는 문제를 배제
② 코드 발행 주체에 따라 코드 발행 기준이 바뀌는 상황 발생 (복수 거점에서 코드 발행을 진행)	하나의 글로벌 코드 발행 센터를 설치. 글로벌 코드 발행 센터 코드 발행 시스템에 회사 전체적으로 통일된 규칙을 적용
③ 코드 발행 지원 시스템이 구축돼 있지 않음	글로벌 코드 발행 센터 코드 발행 시스템에서 전 세계 품목 코드를 관리
④ 부품 표준화 및 공통화를 추진하는 체계가 없음	표준화 및 공통화 통합 프로젝트를 전개해 품목 코드 50% 축소를 달성

✿ 미국 선진 기업의 글로벌 코드 발행 센터 구조

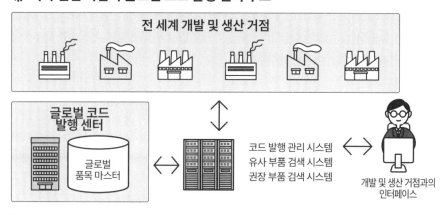

글로벌 코드 발행 센터와 각 거점의 교환

(1) 품목의 스펙을 첨부해 글로벌 코드 발행 센터에 코드 발행을 요청한다(각 거점).

(2) 요청된 것과 동일한 스펙의 품목이 글로벌 품목 마스터에 등록됐는지 확인한다. 등록돼 있으면 해당 품목 코드와 관련 정보를 회신한다(글로벌 코드 발행 센터).

(3) 등록돼 있지 않으면 동일 기능을 가진 유사품이나 권장품이 있는지 확인한다.

(4) 유사품이나 권장품이 없을 경우 신규로 코드를 발행해 요청 거점뿐만 아니라 전 세계의 거점에 통지한다.

7-3 집중형 MRP 시스템으로 시장 요구에 신속히 대응

MRP 주기를 월 단위에서 주 단위로 단축

시장 수요의 움직임은 주문 발주에서 제품 공장, 부품 공장, 재료 공장, 소재 공장으로 전달됩니다. 공급망의 중요한 역할 중 하나는 시장 수요 동향을 보다 빨리 더 정확하게 공급망의 업스트림으로 전달하는 것입니다. 공급망 업스트림에 주문 정보를 작성하는 것이 MRP 시스템입니다.

다음 쪽 첫 번째 그림은 제품 공장의 제품 소요량이 언제 소재 공장에 도착하는지를 월 단위 MRP 사이클의 예에서 보여줍니다. 월 단위 사이클의 경우 도달 시간을 3개월로 하면 소재 공장이 3개월 늦은 제품 소요량을 기준으로 생산해 시장의 수요 동향과 큰 차이가 발생하게 됩니다. 이 차이를 축소하려면 MRP 주기를 월 단위에서 주 단위로 조정해 단축하는 방법이 있습니다. 주 단위 주기로 변경하면 3개월이 3주로 단축됩니다. 그러나 소재 공장은 여전히 제품 공장보다 3주 늦게 제품 소요량을 기준으로 생산 활동을 하게 됩니다.

집중형 MRP 시스템은 공급망 개혁을 위한 비장의 카드

또 다른 단축 방법은 '집중형 MRP 시스템' 개념으로, 제품 공장, 부품 공장, 재료 공장, 소재 공장이 개별적으로 행하는 MRP를 한곳으로 통합하는 방법입니다(다음 쪽 아래 그림 참조). 통합해서 MRP를 돌리면 4개 공장의 시간차가 제로가 됩니다.

집중형 MRP 시스템의 상위 인풋은 제품 공장의 생산 계획(제품의 소요량)을 사용합니다. 부품 구성표(BOM)는 각 공장이 제공한 것을 연결해 하나로 구성합니다. 품목 마스터도 4개 공장의 품목 마스터를 통합해 하나의 마스터로 통합합니다. 4개의 공장이 마치 하나의 공장인 것처럼 가상 환경을 만들어 MRP 시스템을 운영하면 제품 공장의 생산 계획이 나머지 세 공장에도 동시에 전달됩니다.

집중형 MRP 시스템은 시장 요구에 신속히 대응할 뿐만 아니라 공급망 최적화에 따른 잉여 재고와 결품 절감 등 기업의 공급망 개혁에 커다란 효과를 가져옵니다. 반대로, 도입에 따른 과제도 있습니다. 다음 7-4절에서 이러한 과제를 포함해 미국 글로벌 기업의 사례를 소개합니다.

✿ MRP의 월 단위 사이클을 주 단위 사이클로 단축

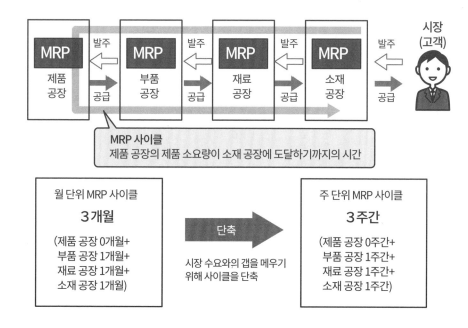

✿ 집중형 MRP 시스템의 구조

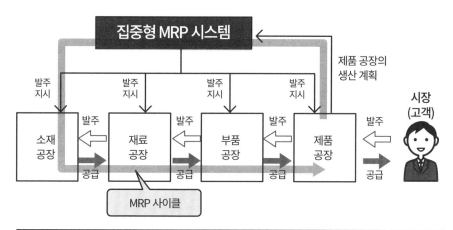

미국 제조기업 사례에서 배우는 글로벌 MRP 시스템

글로벌 기업의 집중형 MRP 시스템

미국 글로벌 컴퓨터 제조업체를 예로 집중형 MRP 시스템을 구체적으로 살펴봅니다. 이 기업은 미국을 중심으로 전 세계에 최종 조립 공장을 10개, 중간 조립 공장 10개, 전자 부품 공장 5개, 반도체 및 패널 공장 5개를 가진 글로벌 기업입니다. 반도체에서 대형 컴퓨터까지 자사에서 일괄 생산하고, 세계 최초로 MRP 시스템을 도입한 것으로도 유명한 회사입니다.

MRP 시스템 도입 당시에는 최종 조립 공장에서 반도체·패널 공장까지의 MRP를 단계적으로 실시하고 있었습니다(다음 쪽 그림 '시스템 도입 전' 참조). 당시 MRP 주기는 월 단위로, 3개월에 걸쳐 최종 조립 공장의 제품 소요량을 반도체·패널 공장에 전달했습니다. 최종 조립 공장에서 업스트림 공장으로 갈수록 최신 제품 소요량(고객 주문)과의 갭이 생겨 이로 인한 잉여 재고와 결품이 많은 것이 큰 과제였습니다.

그래서 이 기업에서는 '고객 주문 정보를 한시라도 빨리 업스트림의 반도체·패널 공장에 전달한다', '전체 공장의 MRP 시스템을 최종 조립 공장과 동일한 생산 계획으로 가동한다', '전 세계 공장에서 자주 발생하는 잉여 재고와 결품의 문제를 근본적으로 해결한다'라는 목표를 세우고 글로벌 MRP 시스템 프로젝트(전 세계 30개 공장을 대상으로 집중형 MRP 시스템을 도입)를 시작했습니다(다음 쪽 그림 '시스템 도입 후' 참조). 그 개념이 7-3절의 집중형 MRP 시스템과 같습니다.

글로벌 MRP 센터와 각 공장의 운영은 다음 쪽 그림의 '글로벌 MRP 시스템 운용 구조'와 같이 진행됩니다.

글로벌 MRP 시스템 도입 시의 해결 과제와 주의점

일본 기업이 글로벌 MRP 시스템을 도입할 경우 해결해야 할 과제와 주의점으로 첫째는 글로벌 '품목별 단일품목 코드 체계'가 필수입니다. 둘째로 글로벌 MRP 시스템 운용 단계에서는 세계 각국의 시차를 고려한 시간표와 각 공장과의 실시간 커뮤니케이션이 필요합니다. 이에 따라 영어 커뮤니케이션 능력도 중요합니다.

✿ 미국 제조 기업의 글로벌 MRP 시스템

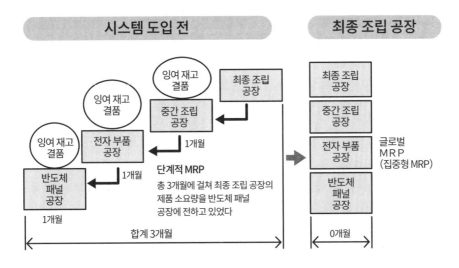

시스템 도입 전

잉여 재고
결품

잉여 재고
결품

잉여 재고
결품

최종 조립
공장

중간 조립
공장

전자 부품
공장

반도체
패널
공장

1개월

1개월

1개월

1개월

단계적 MRP

총 3개월에 걸쳐 최종 조립 공장의
제품 소요량을 반도체 패널
공장에 전하고 있었다

합계 3개월

최종 조립 공장

최종 조립
공장

중간 조립
공장

전자 부품
공장

반도체
패널
공장

글로벌
MRP
(집중형 MRP)

0개월

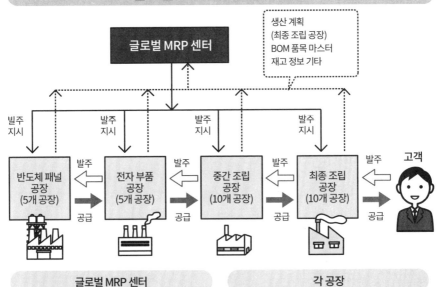

글로벌 MRP 시스템 운용 구조

글로벌 MRP 센터

생산 계획
(최종 조립 공장)
BOM 품목 마스터
재고 정보 기타

빌주
지시

발주
지시

발주
지시

발수
지시

반도체 패널
공장
(5개 공장)

발주

전자 부품
공장
(5개 공장)

발주

중간 조립
공장
(10개 공장)

발주

최종 조립
공장
(10개 공장)

발주

고객

공급

공급

공급

공급

글로벌 MRP 센터

① 글로벌 MRP 실시 스케줄을 작성해 각 공장에
배부한다.

③ 글로벌 MRP를 실시해 아웃풋(발주 지시)을
각 공장에 송부한다.

각 공장

② 생산 계획, BOM, 품목 마스터, 재고 정보를 글로벌
MRP 센터로 입력한다.

④ 발주 지시 내용을 확인하고 필요한 부분을 수정한
후 정식으로 발주한다.

글로벌 기술 정보는 설계 부문과 공장과의 연계가 중요

설계 부문과 공장 간의 3가지 기술 정보 연계

설계 부문에서 설계 변경을 할 때 내용에 따라 생산 공정의 작업 순서나 치공구(지그, JIG), 설비의 제어 정보, 시험 방법 등이 변경될 수 있습니다. 이때 주 공장 기술 책임자의 확인을 거쳐 3개의 기술 정보가 전달됩니다.

첫 번째는 '변경 지시서'(PCN: Process Change Notice)입니다. 이것은 확정한 설계 변경의 통지서이기 때문에 정해진 기간 내에 대응해야 합니다.

두 번째는 '실험 지시서'(PEN: Process Experiment Notice)로, 후보 변경 지시안을 실제 라인에서 검증하기 위한 요구서입니다. 양산 공장에 생산 여력과 기술력이 있으면 보다 현실적인 실험이 되어 변경 지시서에 대한 대응도 원활해집니다.

세 번째는 '공정 변경 요청서'(RPA: Request for Process change Action)이고, 위 두 가지와는 반대로 제조 부문에서 보내는 설계 변경 요청 내용입니다. 주 공장의 기술 책임자에게 전달해 검증 후 설계 변경이 됐을 경우에는 변경 지시서로 제조 부문에 보냅니다.

워크플로 정보 공유

기술 변경 정보의 전달 수단으로 설계 담당자가 직접 현지에 가서 설명할 수도 있지만, 여러 개의 공장을 옮겨 다니는 것은 시간이 걸리기 때문에 현실적이지 않습니다. 이메일이나 채팅, 화상 회의 등의 등장으로 현지 출장이 줄어들기는 했지만, 중요한 기술 정보를 안전하고 확실하게 전달하는 방법으로 '워크플로 시스템'을 사용할 수 있습니다. 워크플로 시스템은 업무의 흐름에 따라 신청 및 승인 절차를 자동화하는 것으로, 큰 장점은 필요한 부서나 기술자의 승인을 취하면서 정보를 공유할 수 있다는 것입니다. 또한 문서와 연동해 설계도나 화상, 음성 등의 멀티미디어 정보를 쉽게 통합하고 사용할 수 있기 때문에 다른 언어를 사용하는 구성원 간에서도 오해 없이 정보 공유를 할 수 있습니다.

생산 설비 조달의 과제

생산 설비를 일본 국내에서 조달해 각 해외 거점에 배치하는 경우에는 품질의 안정화, 유지 보수 기술의 표준화가 용이하지만, 장애 발생 시 긴급 대응 및 수리 부품의 현지 조달이 어렵고, 수송 비용과 시간이 많이 소요됩니다. 물론 생산 거점 인근에서 가격과 성능이 우수한 대안이 있는 경우 제조사의 지원 및 유지 보수 부품 조달이 쉬우며, 운용 시에도 현지어 교육이나 취급 설명이 쉬워집니다.

하지만 현지 거점에서 독자적인 조달을 시작하면 일본 본사로부터의 지원 및 통제가 어려워져 품질 및 기능을 보장하는 일관된 체제를 유지하기가 어려워집니다. 인터넷을 통해 원격으로 시설 운용 정보를 클라우드에 올려 고장 분석이나 예방 보전을 진행하는 것도 현실적인 대안입니다.

✿ 변경 지시서: PCN(Process Change Notice) 발행 순서

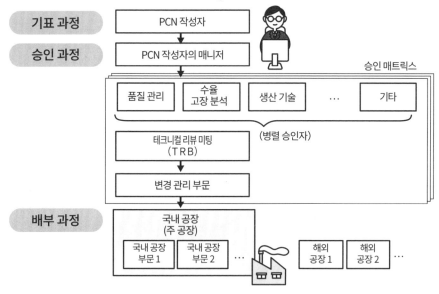

✿ 파일럿 공장과 양산 공장 사이의 인터페이스

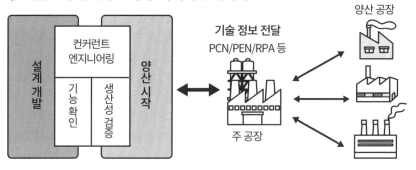

7-6 글로벌 공장 운영을 위한 설비와 생산 진행 모니터링

설비 모니터링 및 제어

IoT 환경에서는 많은 시설에 센서가 장착되어 설비의 가동 상황을 모니터링할 수 있습니다. 장애 예방을 위해 실시간으로 장비에서 정보를 수집하고 클라우드 데이터베이스에 보관합니다. 이 데이터를 AI가 분석하고 필요에 따라 설비를 제어하는 것도 가능해질 것입니다. 그러나 인터넷이 차단되거나 해킹당할 위험을 감안할 때 수집 정보의 축적은 클라우드에 진행하고 설비 제어는 현장에서 진행할 것을 제안합니다.

제품 진행률 모니터링

해외 공장의 MES(3-16절 참조)를 검토할 때 본사 공장에서 진척 관리 모니터링을 필요로 하는 경우가 있습니다. 현지 공장 서버에는 실시간 정보가 수집되지만, 본사에서는 시시각각 변화하는 정보보다는 주기적인 정보 분석이 이상을 발견하기 쉽기 때문에 일정 시간을 주기로 한 정보 업데이트만으로도 충분합니다. 생산 공정 전체에서 어떤 제품이 몇 개 있는지를 알면 긴급 출하 요청에 대해서도 즉각적으로 정확한 납기를 회답할 수 있습니다.

또한 불합격품 창고가 이상 증가하는 경우는 불량 진단 코드별로 정보를 수집하고 현지 스태프가 할 수 없는 판단을 본사 공장에서 지원합니다. 이때 테스트 결과를 데이터나 화상 정보 등 대용량 정보로 전달해야 할 경우가 있으므로 충분한 용량의 네트워크 회선을 정비해 두는 것이 필요합니다.

네트워크 이중화

글로벌 공장 확장에는 네트워크 환경 전개가 필수적입니다. 보통의 경우라면 네트워크 대역폭을 최고 수준에 맞게 확보할 수 있겠지만, 대용량 데이터의 송수신이 실제 사용되지 않으면 낭비 가능성이 높습니다. 또한 해외 네트워크 사정은 국내만큼 안정되지 않고, 특히 교외 지역에 위치한 많은 공장 용지는 도시 지역보다 더 불안정합니다. 그래서 네트워크 회선을 대용량으로 구성하기보다는 이중화하는 것이 더 필요합니다. 이때 전체 경로를 이중화하기 위해 하나는 광 회선 및 마이크로 웨이브 등의 지상 회선을 사용하고 다른 하나는 위성 통신을 사용해서 끊김 없는 통신을 보장하려는 노력이 필요합니다. 위성 통신의 경우 약간의 지연이 발생하겠지만, 안전을 우선시해야 합니다.

이중화 구성은 한쪽 회선에 문제가 생겼을 때 대체해 사용하는 것이 아니라 두 회선을 동시에 사용해 여유 있는 통신 환경을 구성하는 것입니다. 회선 고장 시 복구 시까지 하나의 회선을 통한 어느 정도의 성능 저하도 참을 수 있을 것입니다. 대용량 기술 정보 등의 요청이 있을 경우에는 한쪽을 기술 정보가 우선 사용하도록 네트워크 설정을 변경하고 다른 업무와 충돌하지 않도록 배려하는 것도 가능합니다.

✿ 글로벌 MES 시스템 이미지

글로벌 제조 진척 관리(MES)

7-7 쓸데없는 생산 재고를 개선하는 글로벌 재고 '가시화'

글로벌 판매와 국내 판매 제품의 흐름

생산 및 판매의 글로벌화에 따라 재고 관리도 글로벌화 시대를 맞이했습니다. 국내 공장에서 생산된 제품은 공장 창고, 물류센터, 판매회사 창고 및 배송센터의 순서로 이동해 고객에게 전달됩니다. 한편, 글로벌 판매 제품의 흐름은 공장 창고, 수출 센터, 해외 물류센터, 해외 판매회사 창고 및 배송센터의 순서로 이동해 고객에게 전달됩니다(다음 쪽 그림 참조).

일본 본사의 고민

일본 본사의 경영자나 재고 책임자는 다음과 같은 고민을 안고 있습니다.

- 전 세계에서 재고의 편재가 발생한다. 예를 들어 미국의 재고 부족이나 유럽의 잉여 재고가 있다.
- 고객 주문에 대한 긴급 대응을 위해서 항공편 및 트럭 등 특별 수배편의 증가로 물류비가 증가하고 있다.
- 재고 품질과 회전율이 감소하고 자금 사정이 악화되고 있다.

이러한 원인은 해외 법인의 재고를 일본 본사에서 정확하게 파악하지 못하고 글로벌 재고가 관리할 수 없는 상태에 빠져있기 때문이라고 할 수 있습니다.

글로벌 재고의 '가시화'

앞에서 기술한 고민은 글로벌 재고의 '가시화'로 해결할 수 있습니다. '가시화'는 국내, 해외의 전 거점, 배와 트럭 및 항공기로 운송 중인 재고를 일본 본사나 국내외 판매 회사로부터 제대로 파악하는 것입니다. 이렇게 함으로써 잉여 재고의 거점 간 유용을 도모할 수 있고 재고의 편재가 축소되어 낭비 생산이 없어지고 결과적으로 재고 낭비가 비약적으로 줄어듭니다.

글로벌 재고의 '가시화'는 거점이나 지역마다 가동하고 있는 '창고 관리 시스템'(WMS: Warehouse Management System)이나 '수송 관리 시스템'(TMS: Transportation Management System)을 인터넷이나 글로벌 포지셔닝 시스템(GPS)과 조합함으로써 할 수 있습니다.

✿ 글로벌 재고의 '가시화'

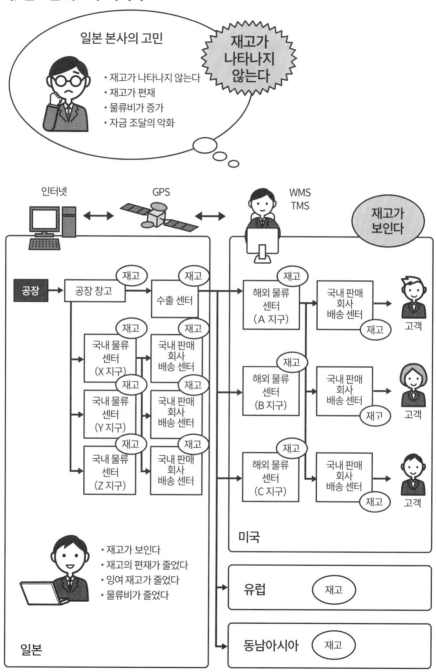

7-8 그룹 회사 재무를 통합 관리하는 글로벌 회계 · 재무 · 원가 관리

글로벌 회계 및 재무 관리의 역할

글로벌 회계는 다국적, 다사업에 걸친 회계 정보의 통합을 말합니다. 국제 회계 기준에 따른 회계 전문 정보 시스템을 사용해 연결 결산 보고서를 통일된 기준으로 작성하고 공개합니다. 모회사의 통합 시스템을 중심으로 단계적으로 표준화가 진행되고 있습니다.

자금 관리에서는 환율 변동 위험 회피와 현금 관리를 중앙에서 행하는 구조와 체제를 구축하고 있습니다. 세금면에서는 특혜 관세의 적용 신청 등으로 국가별 판매 가격을 적정하게 산출할 수 있는 연결 원가 계산의 필요성이 더욱더 높아지고 있습니다.

글로벌 원가 관리의 과제

글로벌 생산 제휴로 확장하면 제품의 생산을 다수의 공장 및 공정에서 분담하는 것도 많아 원료 조달, 부품 생산, 중간품 제조, 최종 제품 마무리 공정이 분산됩니다. 이에 따라 이송 비용, 관세, 내부 이익 계상에 추가해 출하국의 법인 소득세도 매기므로 한 번에 모든 제품의 제품별 원가를 계산하기가 간단하지 않습니다. 글로벌 연결 원가 계산의 실무 과제는 다음과 같이 많습니다.

1. 각 기업의 로컬 품목 코드를 그룹 통합 코드로 변환

2. 품목에 대한 관세 코드 부여

3. 관세 협정에 따른 원산지 증명 근거 정보 정비

4. 수주기업 생산 지시 및 납품서에 발주 번호 부여

5. 수주기업 그룹 통일 비목[9] 변환

6. 수주기업 외주비, 재료비 및 가공비 내역 부여

7. 수주기업 품목별 물류비 내부 이익, 법인세 배분

8. 당사국의 이전 가격 세제에 적합한 매매 가격 결정

---

9 비목 - 세부항목

이러한 다양한 과제를 해결하기 위한 시스템 통합은 비용과 시간이 소요됩니다. 최근에는 거점 간의 정보 연계를 현장에서 간편하게 할 수 있는 RPA 활용에 의한 정보 연계가 주목받고 있습니다.

✿ 글로벌 연결 원가 관리를 계산한 예

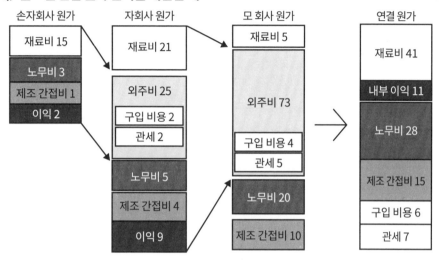

(출처) «キャッシュフロー生産管理 (현금 흐름 생산관리)»(同友館 2007)를 기초로 작성

✿ 이전 가격의 계산 예(기여도 이익 분할법 사용)

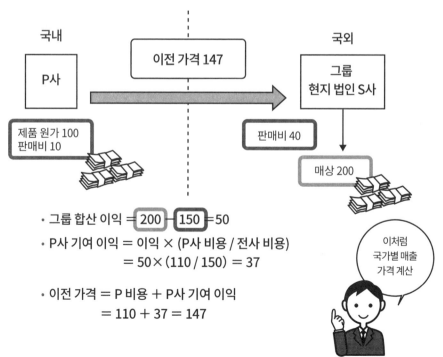

- 그룹 합산 이익 = 200 - 150 = 50
- P사 기여 이익 = 이익 × (P사 비용 / 전사 비용)
  = 50 × (110 / 150) = 37
- 이전 가격 = P 비용 + P사 기여 이익
  = 110 + 37 = 147

이처럼 국가별 매출 가격 계산